蜂产品与人类健康零距离丛书

蜂胶

与人类健康

(第2版)

彭文君　丛书主编
方小明　编　　著

中国农业出版社
北　京

图书在版编目（CIP）数据

蜂胶与人类健康/方小明编著．—2 版．—北京：中国农业出版社，2018.6（2019.4 重印）
（蜂产品与人类健康零距离/彭文君主编）
ISBN 978-7-109-22702-6

Ⅰ.①蜂…　Ⅱ.①方…　Ⅲ.①蜂胶－保健－基本知识　Ⅳ.①S896.6

中国版本图书馆 CIP 数据核字（2017）第 002953 号

中国农业出版社出版
（北京市朝阳区麦子店街 18 号楼）
（邮政编码 100125）
丛书策划编辑　刘博浩
责任编辑　张丽四　路维伟

中国农业出版社印刷厂印刷　　新华书店北京发行所发行
2018 年 6 月第 2 版　　2019 年 4 月北京第 2 次印刷

开本：850mm×1168mm 1/32　　印张：4.875
字数：120 千字
定价：20.00 元

《蜂产品与人类健康零距离》丛书
编 委 会

序一　蜂产品——人类健康之友

蜜蜂产品作为纯天然的保健食品和广谱性祛病良药，经历了上千年的市场淘沙而越来越被深入地研究和珍视。在国外，蜂产品更被人们所珍爱。欧洲国家将蜂产品作为改善食品，美国将蜂产品定义为健康食品，日本更是蜂产品消费的“超级大国”，蜂产品被视作功能食品和嗜好性产品。我国饲养蜜蜂的历史有几千年了，早在东汉、西汉时期，蜂蜜、花粉、蜂幼虫等就被当作贡品或孝敬老人的珍品，古典医著《神农本草经》《本草纲目》等均对蜂产品给予了极高的评价，将其列为上品药加以珍视。

随着社会的发展、科技的进步以及人们生活水平的提高，食品安全、营养健康日益成为全社会所关注的焦点。根据世界卫生组织的数据显示，世界70%的人群处于非健康或亚健康状态，因此有经济学家预言21世纪最大的产业将是健康产业。目前市场上营养保健食品种类繁多，而真正经得起历史和市场考验的产品寥寥无几。蜂产品就是最佳的选择之一。

近年来，广大消费者对蜂产品越来越青睐，对蜂产品知识也有了一定的认知，但还存在不少盲区乃至误区。食用蜂产品需要从最基础的知识开始了解，包括产品的定义、成分、功效、食用方法以及对应的症状等，还应掌握产品的真假辨别方法。《蜂产品与人类健康零距离》丛书就是在上述背景下，由长期从事蜂产品研发、生产、加工、销售等各方面工作的行业精英组织编写而成的。根据各自亲身实践，学习并广泛吸取中外成功经验和经典理论，对蜜蜂产品分门别类，从其来源、生产、成分、性质、保存、应用以及质量检验和安全等方面进行论述，比较全面、客观、真实地向公众展示蜂产品及其制品的保健和医疗价值，正确评价和甄别蜂产品质量的优劣与真伪。此丛书是一套科学严谨、简洁易懂、可读性强、实用性强的蜂产品科学消费知识的科普读物。

真心祝贺该书著者为我国蜂产品的应用所做出的贡献，希望为您的健康长寿带来福音。

中国农业科学院原院长
国务院扶贫办原主任　吕飞杰

序　二

我是蜜蜂科学工作者，对蜜蜂及其产品情有独钟。回想大学时学习的养蜂学、蜂产品学等课程，主要介绍的都是基础理论，很少见到具有实用性、趣味性的章节。从事科研工作以来，一直期望在科普世界里，能出现一些介绍蜜蜂及其产品的书刊。2011 年中国农业出版社生活文教出版分社启动了《蜂产品与人类健康零距离》丛书的编撰工作，本人作为国家农业产业技术体系蜂产品加工岗位专家，能有幸组织全国长期从事蜂产品研究和养蜂一线的部分专家参与到此项工作中。试图在我们科研实践的基础上，用通俗易懂的语言，逐步揭示蜜蜂世界的奥秘，揭开蜂产品与人类健康的神秘面纱。

在漫长的人类发展史中，健康与长寿一直是人们向往和追求的美好愿望，远古时代的先人在长期生产生活和医疗实践中，有意识地尝试各种养生保健方式，其中形成了独特的蜜蜂文化和蜂产品养生方式。

蜂产品作为人类最有效的天然营养保健品，已有5 000多年的历史。古罗马、古希腊、古埃及以及中国古代上流社会都把蜂蜜作为珍品使用，并且在古代药方中经常能见到蜂产品的身影。古埃及的医生将蜂蜜和油脂混合，加上棉花纤维制成软膏，涂在伤口上以防腐烂；在《圣经》《古兰经》《犹太法典》中都有蜂王浆制成药物的记载；1 800年前，张仲景所著《伤寒论》中将蜂蜜用于治病方剂，并发现蜂蜜治疗便秘效果良好；我国明朝时期医药学家李时珍著《本草纲目》中对蜂蜜的功效作了深入的论述，推荐用蜂蜜治病的处方有20余种，称蜂蜜“生则性凉，故能清热；熟则性温，故能补中；甘而和平，故能解毒；……久服强志清身，不老延年”。我国医学、营养保健专家对长寿职业进行调查并排序，其中养蜂者居第一位，第二至第十位分别为现代农民、音乐工作者、书画家、演艺人员、医务人员 、体育工作者、园艺工作者、考古学家、和尚。因此，在5 000多年的人类历史长河中，蜂产品为人类在保健养生方面做出了不少有益贡献。

我国是世界养蜂大国、蜂产品生产大国、蜂产品出口大国，也是蜂产品的消费大国。随着我国国民经济快速发展和人民生活水平不断提高，蜜蜂产品早已进入寻常百姓家，日益受到广大群众和社会各界人士的关注。越来越多的人开始认识蜂产品，使用蜂产品，并享受蜂产品带来的益处。数以万计的蜂产品使用者的实践证明，蜂产品能为人类提供较为全面的营养，对患者有一定辅疗作用，可改善亚健康人群的身体状况，提高人体免疫调节能力，抗疲劳、延缓衰老、延长寿命，是大自然赐予人类的天然营养保健佳品。

在编撰本书的过程中，我想说的倒不是蜂产品有多么神奇，如何有疗效，我想强调的是它的纯天然。不管是蜂蜜、花粉或是蜂王浆、蜂胶，它们无一例外都是蜜蜂采自天然植物，经过反复酿造而成的。正因为它的天然才让人吃得更放心。我从事蜂产品研究工作多年，知道它是好东西，所以愿意和您一同分享，让您做自己“最好的保健医生”。但愿营养全面、功效多样的蜜蜂产品，带给您健康长寿、青春永驻、幸福快乐！是为序。

彭文君

目　录

第一章

带你认识蜂胶

第一节 蜂胶从哪儿来

最初有的人认为蜂胶是蜜蜂吃了蜂蜜、花粉之后分泌出来的物质。经过长期的观察和研究，直到公元1世纪人们对蜂胶的来源才有了正确的认识，古罗马科学家普林尼才在《自然史》一书中纠正了这个错误的看法，指出“蜂胶是蜜蜂采集来的杨树、柳树、栗树和其他植物分泌的树脂”。不过这个提法还不够准确，蜂胶中除了含有植物幼芽分泌的树脂之外，还有蜜蜂消化腺、蜡腺等腺体的分泌物，以及由这两类物质相互作用而形成的物质。因此，严格地说蜂胶是由工蜂将采自杨树、柳树、松树等植物的幼芽和愈伤组织分泌的树脂状物质与自身消化腺和蜡腺等腺体的分泌物（如蜂蜡及多种消化酶）混合之后形成的一种具有黏性的天然混合物。

蜂群需要采集蜂胶时，一般由蜂群中较老的工蜂在气温较高的夏秋季节进行采集和加工，西方蜜蜂喜好采胶，中华蜜蜂不采胶。采集蜂飞到胶源植物上找到树脂状的分泌物之后，分泌出能软化这些物质的消化液，然后用吻和前肢将其咬下后传送到后肢的花粉筐中，这一过程十分缓慢，当花粉筐内存满足够的树脂后，采集蜂飞回巢内，粘在一定的部位，内勤蜂用上颚腺、舌腺分泌物软化树脂团，再卸下并传递转运至蜂巢中特

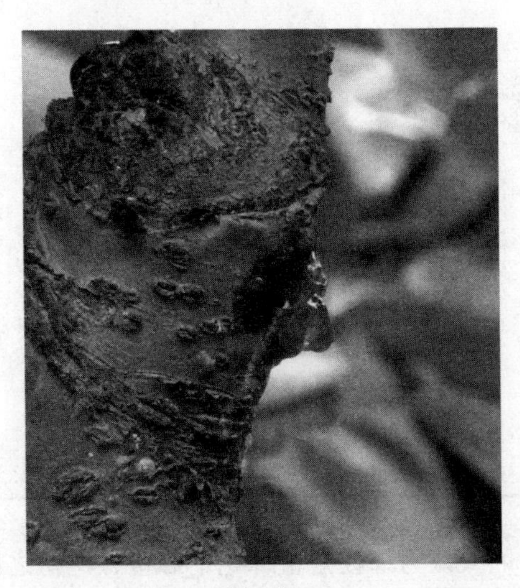

树 胶

（高凌宇 提供）

定的部位，蜜蜂融入其腺体分泌物，其中含有活性酶，反复咀嚼调配，按比例加入蜂蜡分泌物和花粉，经过反复加工转化成蜂胶。生物学研究证实：这是一个人力不可及的复杂的生化过程，只有蜜蜂才能胜任。

蜜蜂采集蜂胶

（房宇 提供）

蜜蜂采胶是用来填补蜂箱裂缝、缩小巢门、加固巢框、涂抹巢房，包埋小动物尸体防止腐臭、抑制病虫害和蜂巢内微生物的生长等，因此，蜂巢中积胶较多的地方是蜂巢上方与巢门处，其次是框耳和框受等区域。

根据蜂胶的来源和蜜蜂的贮胶习性，在蜂巢中积胶较多的地方设置积胶器，让蜜蜂贮胶，积累一定量时，取出来用刀刮取，或使其冷却到 15℃以下用敲击、挤压的方法使蜂胶与集胶器脱离，并收集起来。

积胶器
（方小明 提供）

第二节　蜂胶是什么

蜂胶（propolis）是蜜蜂从植物幼芽和树干破伤处采集来的树脂或树胶，并混入蜜蜂上颚腺的分泌物、少量花粉和蜂蜡等所形成的具有芳香气味和黏性的胶状固体物质。

目前，蜂胶多以某个季节主要胶源植物的名字分为几个类型，如桦树型、杨树型、桦树杨树混合型等，因胶源植物分布地区不同，有时也以地区名来分。

蜜蜂在采杨树胶
（高凌宇　提供）

欧洲产的蜂胶多来自杨树，从中分离的黄酮类化合物与杨树芽树脂内含物一致，称杨树型蜂胶。此型蜂胶以含有白杨素、杨芽黄素、高良姜素、良姜素和乔松素等为特征。在俄罗斯境内采集的蜂胶多来自桦树，称桦树型蜂胶。桦树型蜂胶与疣枝桦幼芽中含有的10余种黄酮类化合物和乙酰氧基-α-桦木烯醇等成分相同。

我国常见的胶源植物主要有杨柳科、松科、桦木科、柏科和漆树科中的多种树种，以及桃树、李树、杏树、栗树、橡胶树、桉树和向日葵等。中国产蜂胶符合温带地区胶源植物的特征。

荆条花期，蜜蜂还采集荆条上的胶粒，颜色灰暗或褐色，香气淡，质地松散，成分不明，品质较差，当地也叫地胶。

第三节　蜂胶在蜂群中的作用

聪明的小蜜蜂在进化过程中发现自然界某些植物会渗出一种含有抗菌成分的胶状物——树脂，蜜蜂采集这些物质带回蜂巢，再混入自己的分泌物然后将他们涂布于整个蜂巢，众多病菌便不能在蜂巢内生存，这样蜂巢卫生状况极佳，在巢内很难发现有发霉变质的东西。蜂巢内花粉、蜂王浆、蜂蜜及蜜蜂幼虫等受到了保护。而且，用这种物质涂抹敌害尸体，尸体就不会腐败。这种神奇而伟大的物质就是蜂胶，也正是由于蜂胶的神奇功能，确保了蜜蜂王国长达亿万年的生态。

蜂胶在蜂群中的作用很多，主要包括以下几个方面。

1. 蜂巢的固定剂和黏合剂

在野生的状况下蜜蜂需要将蜂巢固定在树木或洞穴的一定部位，蜂巢内的各个部位需要连接，因此，它们将蜂胶用作固定蜂巢的固定剂和连接蜂巢各个部分的黏合剂。

蜜蜂还用蜂胶来堵塞蜂巢的空隙、裂缝，缩小蜂巢的巢门，以防止外敌入侵及雨水渗入。它是一种很好的内壁材料。

蜂巢中的蜂胶

（房宇 提供）

2. 涂抹巢房、杀菌消毒

蜂巢中具有很多营养丰富的物质如蜂蜜、蜂粮、蜂王浆等，在一般情况下，这些营养物质在蜂巢（中心温度常年稳定在34℃）内应该说是大多数微生物滋生的场所，然而在蜂群中蜂蜜、蜂粮、蜂王浆却不会腐败变质，不仅这些营养物质不会变质，而且蜂群中的生长繁殖也十分兴旺发达，没有丝毫颓废现象。出现这种生机盎然的景象，除了蜂蜜、蜂王浆自身具有一定的抗菌、抑菌功能之外，主要是蜂胶作用的结果。如蜂胶中的苯甲醛、水杨酸、松属素等成分，这些物质不仅具有一定的芳香味，还有很强的抗菌、抑菌作用。当人们打开蜂箱的盖子，就能嗅到一股特有的芳香气味，它使得蜂群空气中微生物数量限制在一定的范围之内，从而保护了蜂群内蜂蜜、蜂王浆的产品质量以及幼虫的正常发育，这就是蜂群内部的空气中弥漫着这些物质的作用。

另一方面，蜂胶中含有的众多化学物质如肉桂酸、咖啡酸以及它们的酯和衍生物，具有很强的杀灭或抑制多种微生物的作用，当蜂群需要储存蜂蜜、蜂粮或蜂王需要产卵时，工蜂先把蜂巢清理干净，再往蜂巢上涂一层蜂胶，使得这些巢房形成一个局部无菌或少菌的环境，这样就能保证储存的蜂蜜、蜂粮不会腐败变质。在这些巢房中孵化的幼虫能健康成长。当巢房中盛满蜂蜜、蜂粮或幼虫化蛹之后，工蜂又会用含有蜂胶的蜡盖将这些巢房密封起来；这时的蜂胶就是蜂群的“抑菌防菌和保鲜剂”。

3. 包埋小动物尸体、防止腐败

由于蜂巢内存有大量的蜂产品，老鼠、蜥蜴等时常会钻进蜂巢，掠食产品，蜜蜂就会群起而攻之，将其蛰死，可面对这些庞然大物，小蜜蜂无力搬运这些小动物的尸体，怎样处理才不致腐败？它们就会用蜂胶将尸体包埋起来，经蜂胶包埋的尸体不会腐烂、发臭，在这种情况下蜂胶就成了防腐剂。

4. 缩小巢门、填补缝隙

为了保持蜂群内部温度、湿度的相对稳定，特别是在冬季为了抵御暴风雪的侵袭，蜜蜂就用蜂胶将巢门缩小，堵塞蜂巢壁上的洞孔和缝隙，此时蜂胶就成了蜂群中的防护剂；单个的蜜蜂是冷血动物，它的体温随着周围环境温度的变化而变化，但整个蜂群、特别是蜂群中心的温度，常年基本稳定在 34℃左右。

蜂胶原胶
（方小明 提供）

第四节　有关蜂胶的历史记载

古代人很早就认识蜂胶，早在 3 000 多年前，古埃及人在有关医学、化学和艺术的《纸草书》中已记载了如何利用蜂胶，并用蜂胶制作木乃伊。

考古发现公元前 2007 年，作为古文明发源地之一的美索不达米亚的遗迹碑文中，就有蜂胶治疗疾病的记载。

公元前 524—前 485 年，古希腊的历史学家哈罗德特斯在他的《历史》著作中也提到蜂胶。古希腊科学家亚里士多德在其著作《动物志》中将蜂胶称为“木泪”，记述了蜂胶是有刺激性的黑蝎，可用于治疗皮肤病、刀伤和化脓症。

中古罗马学者普林尼写的古罗马百科全书的《自然史》中，就记述了蜂胶的来源和蜂胶可以吸出扎进体内的刺，对治疗神经痛、皮肤病（脓肿、溃疡）有效。

1世纪初，希腊军医狄奥斯哥利底斯所著的《药用植物学》（俗称希腊本草）中发现介绍蜂胶的文字：黄色的蜜蜂的胶具有芬芳的香味，很像安息香，即使是在干燥状态下，也保持着柔软，涂抹时常有乳香气。蜂胶能拔除刺或裂片，熏蒸蜂胶可以止咳，用于涂抹，可以治癣。近2 000年前的记载真是令人感到惊奇。

6世纪的阿拉伯医书《医典》中对蜂胶的特性和用途有了更加详细的描述："当拔除身上残刺断箭后以蜂胶消毒伤口和消肿止痛，立显神效。"这是非常少见的优良医药疗效。

史料还记载了古罗马时代，士兵经常携带蜂胶，作为常用的保健药物。

11世纪，伊朗哲学家阿比森纳在受箭伤及扎刺后，涂上蜂胶，感觉疼痛得到了缓和。

15世纪，秘鲁人用蜂胶治疗热带传染病等。

1899—1902年，英国侵略南非的战争中，军医用蜂胶与凡士林混合，作为手术后的外涂药，防止感染。

1909年，亚历山大罗夫发表了《蜂胶是药》的论文，并叙述了他用蜂胶治疗鸡眼的效果。

第二次世界大战时期：德国战场尸横遍野，为了避免瘟疫的爆发，用蜂胶液喷洒在战场上。

20世纪五六十年代，前苏联和东欧一些国家如保加利亚、捷克、波兰等，蜂胶作为保健品备受青睐，用来治疗慢性中耳炎、咽喉炎、慢性鼻炎、扁桃体炎、支气管哮喘等效果不错。从20世纪50年代起，蜂胶的研究应用逐渐引起了中国科学家的高度重视。

1972年在捷克召开了第一届国际蜂胶研讨会。来自世界各地的350多位科学家出席了会议，交流和研讨了关于蜂胶的研究成果，主要包括蜂胶的化学成分、来源、性质、药理作用、安全性、临床应用等。

20 世纪 80 年代，蜂胶在西欧、南北美洲和日本才开始得到认可。1985 年科学家开展了蜂胶药理学的研究，那时由于蜂胶产品没有市场，而且产量比较低，蜂胶只作为养蜂业的副产品。80 年代中期随着人们对蜂胶兴趣的增加，蜂胶成为重要的保健品和药物替代品，日本是巴西蜂胶的主要进口国。

随着对蜂胶的特性以及生物学、药理学和治疗保健效果研究试验的不断深入，以蜂胶为原料的各种产品不断问世。目前，世界上对蜂胶研究较多的有中国、巴西、日本、德国、罗马尼亚、保加利亚、新西兰、澳大利亚等国家。

第五节　蜂胶的性质

一、蜂胶的理化性质

在常温下，蜂胶呈不透明固体，表面光滑或粗糙，折断面呈砂粒状，切面与大理石外形相似；呈黄褐色、棕褐色或灰褐色，有时带有青绿色，少数色深近似黑色；具有令人愉快的芳香和清香气味，燃烧或加热时发出类似乳香的气味。嚼之黏牙，带辛辣味。蜂胶的颜色、气味和味道随蜜蜂采集的树种、含量、保存期的长短和保存条件等而有差异。

温度低于 15℃时变硬、变脆，易破碎；用手捏搓或处于 36℃时能软化蜂胶，有黏性和可塑性，60～70℃时熔化成黏稠的半流体，并可分离出蜂蜡。蜂胶的相对密度与蜂胶的来源有关，一般在 1.120～1.136，优质的多为 1.127。

蜂胶难溶于水，微溶于松节油，部分溶于乙醇，极易溶于乙醚、丙酮、苯和 2%氢氧化钠溶液中。蜂胶溶于 75%～95%乙醇中呈透明的栗色，并有颗粒沉淀。纯蜂胶不应有其他杂质。蜂胶的品质与胶源植物有关。从蜂箱里收集的蜂胶含有大约55%树脂和香脂，还有少量挥发油和花粉类物质。

二、蜂胶的化学组成

蜂胶的成分比较复杂，由500多种天然成分组成，其中既有胶源植物分泌物，又有蜜蜂腺体分泌物，集动植物精华于一身。其中包括黄酮类物质、萜烯类物质、芳香酸与芳香酸酯、醛与酮类化合物、脂肪酸与脂肪酸酯、糖类化合物、烃类化合物、醇、酚类和其他化合物。还有多种维生素和微量元素等，此外，还含有大量氨基酸、酶类等。

蜂胶的特点是含有丰富的黄酮类和萜烯类物质。蜂胶是植物药用成分的高度浓缩物，所含的药用成分多、浓度高。蜂胶具有多种药理作用，因此也引起了国内外众多学者的关注和重视，并成功地在临床上应用于多种疾病的防治，被誉为“天然药物”。

1. 黄酮类化合物

黄酮类化合物是蜂胶的标志性成分。黄酮类化合物包括黄酮类、黄酮醇类和双氢黄酮类三类。目前，从世界各地采集的蜂胶样品中分离出的黄酮化合物有300多种。蜂胶中的黄酮类化合物，其品种之多，含量之丰富，是一般植物资源无法相比的。银杏叶中总黄酮成分可达2.6%，山楂中总黄酮含量最高可达6%，葛根总黄酮含量更高，可达7.8%，因此，银杏叶、葛根、山楂也纷纷进入了药物行列。通常蜂胶一等品中总黄酮含量大于等于15%，二等品大于等于8%，优质蜂胶黄酮含量最高可达25%以上。

植物中的黄酮类化合物广泛存在于自然界中，多具有艳丽的颜色，还具有多方面的生理和药理活性。由于动物自身不能合成黄酮类化合物，而且黄酮类化合物在高级动物体内代谢很快。所以人类需要从富含黄酮类的蔬菜或饮料中获得大量的黄酮类物质。

根据国内外相关药理及临床实验结果，黄酮类物质主要有以下生理作用。

（1）增强血管张力，降低血管脆性及异常通透性；

（2）减少红细胞和血小板的聚集，减少血栓形成，改善微循环；

（3）保护肝脏，解肝毒，治疗急慢性肝炎、肝硬化、中毒性肝损伤；

（4）降血脂、降胆固醇；

（5）提高免疫力；

（6）抗菌、抗病毒、抑制肿瘤；

（7）抗氧化、抗衰老；

（8）消炎、祛痰、解毒、消肿；

（9）解痉挛；

（10）强化细胞膜，活化细胞；

（11）抗过敏；

（12）抗溃疡。

因此，黄酮类物质是一类非常重要的生理活性物质。蜂胶的许多功效，正是黄酮类物质的功效。

2. 萜烯类化合物

萜烯类物质是一类天然的烃类化合物，它普遍存在于植物体中（如人参、黄芪、甘草、柴胡、桔梗等），具有多种生理活性。作为一类非常重要的化合物。萜烯类物质引起了各国科学家的关注，对它们的分离、鉴定、化学合成及其应用一直是研究热点。萜烯类化合物主要有以下作用。

（1）双向调节血糖；

（2）抗肿瘤；

（3）降血压、降血脂、活血化瘀；

（4）杀菌、消炎；

（5）杀虫、止痒；

（6）解热、消肿、镇痛；

（7）强化免疫；

（8）健胃；

（9）局部麻醉；

（10）芳香宜人，清凉祛风。

一般萜烯类物质都有一定的挥发性，都具有辛辣灼热的感觉，有苦味，因此，蜂胶中的特殊气味、苦味、辛辣灼热及麻木感都与蜂胶中萜烯类化合物密切相关。

蜂胶中挥发油主要是萜烯类物质。目前，从蜂胶中分离的挥发性成分达到100多种，约占蜂胶的10%。该类物质具有很强的杀菌、消炎、止痛和抗癌等作用，它与黄酮类物质的综合与协同显效作用，使蜂胶多方面的医疗保健效果更加明显。这也是蜂胶保健功能优于其他富含黄酮类中草药的关键所在。

3. 酸类化合物

蜂胶中富含酚酸，如阿魏酸、异阿魏酸、肉桂酸、咖啡酸和苯甲酸等多种（总酚酸），具有很高的医疗价值和保健功效。实验证实：阿魏酸对血小板聚集有抑制作用，能抑制血小板的释放功能和黏附反应，具有抗凝血、抗血栓作用和升高白细胞作用，还有抗氧化、抗炎镇痛、保护肝脏和调节免疫等功效。总酚酸中的肉桂酸、咖啡酸及其酯类化合物，已被证实具有抗癌活性。

4. 氨基酸

蜂胶中含有10多种氨基酸，含量较高的有精氨酸和脯氨酸。精氨酸能刺激免疫细胞有丝分裂，促进蛋白质生物合成，在改善细胞代谢过程和促进组织再生与修复中起重要作用，对胰酶、ATP酶具有激活作用，并在核苷酸蛋白质合成、细胞代谢及组织再生修复中起重要作用。脯氨酸则作为细胞膜间介质发挥作用，是胶原蛋白和弹性蛋白的重要成分。

5. 维生素

蜂胶中含有丰富的维生素，其中包括B族维生素的维生素 B_1、维生素 B_2、维生素 B_3 以及肌醇、维生素E、烟酰胺、泛酸、维生素H、叶酸等。其中维生素 B_1 是脱羧辅酶的重要成分，为机体利用碳水化合物所必需；维生素 B_2 是脱氢酶的重要成分，为细胞氧化所必需，维生素 B_3 是辅酶A的组成成分，在物质代谢中具有极其重要的作用。维生素有抗氧化作用，对维持正常生殖机能和防止肌肉萎缩有效。

6. 矿物质和微量元素

蜂胶含有矿物质和微量元素在34种以上，是体内多种活性酶的组成成分或激活因子，适合作为人体酶系统必需的微量元素的天然来源。其中锌、钾、镁、铬、硒等多种元素，具有多方面的生理功能。锌是碳酸酐酶的组成成分，对儿童生长和智力发育的作用至关重要。人体细胞中含钾、体液中含钠，钾在钠平衡中具有重要作用。镁是骨骼的组成成分。铬是葡萄糖耐量因子的组成成分，参与体内糖代谢，增强胰岛素的生理作用，还有助于维持血清胆固醇和甘油三酯的正常水平。硒能与重金属汞、铅、镉等结合成金属硒蛋白复合物，促进重金属排出体外，具有解毒作用，还有保护心肌、保护血管、抑制肿瘤等功效。

7. 蜂胶多糖

蜂胶中含有蜂胶多糖，是一类具有特殊生物活性物质的多糖类化合物，具有调节免疫功能、改善胃肠功能、降血糖、抗肿瘤、降血脂、抗血栓、抗感染、抗辐射、保护肝脏、控制肥胖和增强骨髓造血机能功效。

8. 其他化合物

蜂胶中还有多种蛋白质、活性酶、甾类化合物等，如脂肪酶、淀粉酶、胰蛋白酶等，对体内物质代谢有重要作用。

第六节　蜂胶的产量和质量

一、蜂胶的产量

中国是世界第一养蜂大国，也是世界第一蜂胶生产大国。年产蜂胶（毛胶）有350～450吨，世界许多国家蜂胶原料都依赖中国。蜂群一般是在开春时，即植物幼芽开始分泌树脂之际开始采集胶源植物分泌的树脂，到夏秋特别是蜂群准备越冬时采集活动达到高潮。修整蜂巢可能是为了安全过冬而准备的。

蜜蜂是社会性昆虫，一群蜂有5万～6万只，但出外采集树脂的蜜蜂却很少（约30只采胶）。蜜蜂采集蜂胶的量很少，一般一只采集蜂一次仅能采回树脂10～20毫克，一个5万～6万只蜜蜂的蜂群，一年大约只能采集树脂60～300克，再加上蜜蜂混入的花粉、蜂蜡等，每群蜂大约能生产蜂胶100～500克。所以蜂胶非常珍贵，被誉为“紫色黄金”或“软黄金”。

蜜蜂采胶回巢

（刘富海　提供）

也就是说，蜜蜂把这些蜂胶涂布在整个蜂巢的表面，我们再一点一点地把黏性很大的蜂胶刮下来，实属不易。因此，蜂胶和蜂王浆一样，都是非常珍贵的蜜蜂产品。

二、蜂胶的质量

蜂胶质量优劣，一般泛指毛胶，是蜂胶产品的基础原料。蜂胶应从感观特性、理化特性、真实性等方面具有以下特征。

1. 色泽

由于蜜蜂采集的胶源植物不同，毛胶的颜色也有差别，主要包括棕黄色、棕红色、褐色、黄褐色、灰褐色、青绿色、灰黑色等。优等蜂胶颜色应以棕黄、棕红色为佳，有光泽。

2. 状态

蜂胶呈团块或碎渣状，不透明，约30℃以上随温度升高逐渐变软，且有黏性和可塑性。

3. 气味

有蜂胶特有的芳香气味，燃烧时有树脂香气，无异味。

4. 滋味

味道纯、口感微苦、略涩、有麻辣和辛辣感。

5. 理化要求

蜂胶一级品乙醇提取物含量超过60%，二级品超过40%；总黄酮含量一级品超过15%，二级品超过8%；氧化时间不大于22秒。

6. 真实性

无人为添加物或夹杂物，不应添加任何树脂和其他矿物、生物或其提取物质。非蜜蜂采集，人工加工而成的任何树脂胶状物不应称为“蜂胶”。

7. 新鲜度

新采集的蜂胶应密封保存，并置于阴凉、避光处储藏，不应高温加热、暴晒，避免蜂胶中有效成分损失。

8. 特殊限制

应采用符合卫生要求的采胶器等采集蜂胶，不应在蜂箱内用铁纱网采集蜂胶。感官以棕黄色、香气浓、质较重、黏性大、无夹杂物、有光泽和油腻感的蜂胶为佳。

海拉尔养蜂基地

（北京中蜜科技发展有限公司 提供）

第七节 如何鉴别蜂胶优劣

蜂胶的鉴别分为两个方面，一是对蜂胶原料的鉴别，这主要是蜂胶生产企业通过感观和理化分析等方法鉴别真伪和品质。二是对进入市场的蜂胶产品的鉴别。对于一般消费者来说，需要了解和掌握的是对蜂胶产品的鉴别。

一、蜂胶原料的鉴别

1. 眼观

优质的蜂胶呈棕黄色或棕红色、质地致密，有光泽，刀切面似大理石花纹状；将蜂胶块放在 15℃以下 2～3 小时，然后用锤敲开断面呈粒状，紧密一致，无明显杂质。

较差的蜂胶呈棕褐色、青绿色、灰褐色，无光泽，断面结构粗糙，有明显的霉迹、蜂尸、木屑、泥沙等杂质。

不得有蜡包胶掺假现象。

2. 鼻嗅

好蜂胶有浓郁的树脂芳香气味，气味较淡的蜂胶多为储存过久或杂质含量过高，质量较差。在气温低时检验，蜂胶气味不明显的情况下，可将少量的蜂胶样品放在玻璃板上，用火烘烤再闻其味，树脂乳香气明显。

3. 口尝

咀嚼之有黏牙感，蜂胶味微苦，辛辣味浓烈。

4. 手感

20℃以下胶块变硬、脆，20～40℃时用手搓揉，胶块变软，并有一定的黏性，蜂蜡含量高或掺杂的蜂胶黏性降低。

二、蜂胶产品的鉴别

蜂胶作为保健食品，从原料到终端成品经过了不同的加工工艺处理，其剂型、感观性状与原料有很大区别，因此，不可能有简单的或统一的鉴别方法。蜂胶软胶囊是目前技术含量高、应用较为广泛的蜂胶产品之一，笔者主要介绍蜂胶软胶囊的感观鉴别，供一般消费者在鉴别蜂胶软胶囊产品时作参考。

（1）随机选取蜂胶软胶囊一粒，观察其外观，颜色应为蜂胶本色（棕黄色）为佳，外观应整洁，不得有黏结、变形或破裂现象，无异臭，软胶囊内容物不应分层（出现“鱼眼”）。

（2）软胶囊囊壳软硬适中，囊壳过硬可能是由于干燥不当或胶囊内容物吸水造成的，囊壳过软可能是由于囊壳保存不当导致胶囊吸水或囊壳与内容物反应造成的。

（3）取洁净的白纸一张，平铺于试验桌上，随机选取蜂胶软较囊一粒，剪破胶囊，将内容物挤出，滴在白纸上。内容物为黏稠的棕黄色滴状油溶物、分布均匀，不扩散、不洇纸。部分劣质蜂胶软胶囊生产工艺水平低下，产品内容物溶解（混

分层油溶蜂胶软胶囊（鱼眼丸）

（方小明　提供）

悬）得不均匀，溶质与溶剂易出现分离，手撵粗糙。

（4）嗅其内容物是否有蜂胶特有的芳香味。如果没有蜂胶特有的芳香味，则为劣等品。

（5）将剪开的蜂胶软胶囊内容物滴入热水中，优等蜂胶软胶囊（食用油配方）不溶解，呈棕黄色油滴状，浮在水面，有蜂胶的清香气味。以化学乳化剂为配方的内容物，能在水中乳化，呈扩散均匀的水乳状，有类似石油的异味。

（6）观察挤出软胶囊内容物的囊壳，囊壳透明则证明没有添加色素；囊壳不透明，是囊壳材料中添加色素的结果。

第八节　巴西蜂胶的概况

蜂胶在全世界范围内均有分布，其中，巴西因其得天独厚的地理位置和丰富的植物资源而成为蜂胶生产大国，在世界蜂胶市场上备受瞩目。巴西是仅次于中国的世界第二蜂胶生产大国，其蜂胶种类繁多，化学组成复杂，具有丰富而突出的生物学活性，以其绿蜂胶著称于世，主要销往日本，少部分销往美国、中国。

一、巴西蜂群的特点

现在巴西蜂农饲养的是非洲化杂交蜜蜂，1956 年巴西蜜蜂遗传育种专家 Kerr 博士引进了非洲蜜蜂，该蜂种有许多特性异于欧洲蜜蜂，特别是性情非常凶暴，后来非洲蜂逃往野外与当地原有的蜜蜂进行杂交。杂交蜂有非洲蜂的凶悍特性，由于媒体夸大渲染，人们称它为“杀人蜂”。经过巴西养蜂学家多年努力，终于驯服了“杀人蜂”。非洲化蜂种虽然凶猛异常，但其采集性能好，抗病虫害能力强。采胶对于蜜蜂来说是一项繁重的体力劳动，非洲化杂交蜜蜂凶悍强壮，因而具有非凡的采胶能力。巴西至今尚未发现大面积螨害和美洲幼虫腐臭病流行，大大减少了抗生素等化学药物对蜂产品的污染，为生产原生态蜂产品提供了品质保证。巴西现有 300 多万群蜂，蜂蜜年产 5 万吨左右，其中出口约 2 万吨。蜂王浆在巴西南部地区有小规模生产，但在蜂产品中所占份额较低。

二、巴西蜂胶的采集方式

巴西蜂箱采集蜂胶的装置是在巢箱与继箱之间，夹放宽约 2.5 厘米缝隙的采胶木条，使两箱架空，诱导蜂群采胶。蜜蜂有修补蜂箱缝隙的天性，用以保证箱内正常的温湿度和防御外敌入侵。这种方法生产的蜂胶产量高，杂质少（蜂蜡含量在 5%以下），质量好。采胶季节的天气对品质影响很大，即使是采集酒神菊（Alecrin）树绿蜂胶，如果采胶时期下大雨，蜂胶颜色变黑、香味变淡、品质变差。

由于胶源植物丰富，蜂群群势强，在蜂胶生产季节，每箱蜜蜂采集蜂胶 15 天，就可采集 100 多克蜂胶，蜂群蜂胶年产可达 1 000 克以上，最高可达 1 400 克。巴西投入采胶的只有部分蜂群，通常采胶蜂群不生产蜂蜜，生产蜂蜜的蜂群不采胶。巴西蜂胶单产量高，杂质较少（蜂蜡含量 3%～5%）、质量较好。

巴西绿蜂胶
（方小明 提供）

三、巴西蜂胶的分类

巴西蜂胶的来源有异叶南洋杉、大克罗西木、小克罗西木和酒神菊类，还有来自龙舌兰和桃金娘科等植物。巴西蜂胶不等于绿蜂胶，绿蜂胶只是一部分特定的胶源植物如酒神菊树为代表的蜂胶，根据植物学来源和化学成分，巴西蜂胶可分为12类，5个在南部，1个在东南部，6个在东北地区。这些不同类型的蜂胶之间化学成分差异较大，而胶源植物是造成这一差异性的直接因素。

蜂胶的化学成分由蜜蜂采集的植物来源决定，在北温带地区，以杨树型蜂胶为代表，主要含有酚类、类黄酮糖苷配基、芳香酸及其酯类化合物。在南美洲热带地区，蜂胶化学成分相差很大，以巴西蜂胶为代表，随着地区及季节的不同，常有新

巴西棕蜂胶
（方小明 提供）

成分被鉴定出来，主要成分包括黄酮类、香豆酸、木酯体、萜类物质等。

巴西绿系蜂胶的代表胶源植物是酒神菊树（Alecrin），主要分布在巴西东南部的米纳斯州。该树种本身已被公认为有极强的药用效果，特别是抗菌消炎的功效。山香是东北地区的蜂胶树脂来源，酒神菊类分布于东南地区，白杨是南部的。东南部地区蜂胶中含有半日花烷型二萜。采集到的迷迭香树脂中的绿色是蜜蜂采集含有叶绿素的组织，即花蕾和没有展开的树叶。这些嫩芽分泌挥发性芳香油，典型的绿色蜂胶的芳香气味来自酒神菊类，市场上也有芳香精油产品在售。

四、巴西蜂胶化学成分

自 20 世纪 90 年代以来，巴西蜂胶的化学组成及其生物学活性引起了国内外蜂胶研究者的广泛关注。巴西蜂胶的化学成分极其复杂，其化学成分受蜂种、地理来源、植物来源及采胶季节等多种因素的影响。巴西蜂胶的化学成分又具有多变性，不同蜂胶之间成分差异较大。

现已从巴西不同类型蜂胶中分离鉴定出362种化合物。其中黄酮类化合物130种、萜烯类化合物99种、酚酸类化合物87种、挥发油类25种、木质素类6种及其他类化合物15种。研究显示从巴西蜂胶中分离出多种萜烯类物质，其萜烯类成分在挥发性成分中所占比重达49.64%，远高于中国蜂胶。其中，倍半萜类化合物在巴西绿蜂胶中含量及种类最为丰富，也是其挥发油的主要成分，具有较强的抗菌活性。巴西绿蜂胶中三萜类物质的含量高低可以直接通过蜂胶样品的物理性状来判断，随着三萜类物质含量的上升，蜂胶的硬度变小，绿色变浅，其典型的苯丙素类衍生物含量也随之下降。巴西蜂胶中还发现了6种木脂素类化合物。随着研究的深入，人们还从巴西蜂胶中发现了少量的环氧醌、香豆酮以及其他一些未能明确分类的化学成分。此外，在巴西蜂胶中还存在有微量的糖类、烃类、矿物元素和维生素等物质。

目前研究较多的是蜂胶中的非挥发性成分，尤其是其中的黄酮类化合物，其通常被作为蜂胶品质及生物活性高低的一大指标进行评价。而温带地区蜂胶及热带地区蜂胶在非挥发性成分的组成上相去甚远，尤其是热带地区的巴西蜂胶，黄酮类化合物含量很低，而萜烯类及P-香豆酸衍生物含量较高。李雅晶等通过GC-MS分析鉴定出巴西蜂胶挥发性组分51个，主要是倍半萜类及其含氧衍生物、长叶稀、桉叶醇、愈创木醇等。中国蜂胶挥发性组分47个，主要是芳香酸及萜类衍生物、肉桂酸、桉叶醇等。说明中国蜂胶和巴西蜂胶挥发性成分在含量及组分上均存在差异，但含有大量发挥生物活性的相同组分。

酒神菊属型绿蜂胶是目前国际市场上最流行、研究最深入的巴西蜂胶。Park等（2004）进一步观察到蜜蜂主要采集该植物的幼芽和未展开的嫩叶，很少采集展开的叶子。典型的酒神菊属绿蜂胶质地坚硬易碎，颜色从黄绿色到深绿色不等，具有宜人的芳香气味，同时还兼有其独特的辛辣味。酒神菊属型绿蜂胶其主要成分为异戊烯化苯丙素类及其衍生物、咖啡酰奎宁酸类及一些萜烯类化合物，而黄酮类化合物含量相对较低。阿特匹林 C（3,5-二异戊烯基-4-羟基肉桂酸）是酒神菊属型绿蜂胶的特征性成分，其含量主要受地理来源、植物来源及采胶季节的影响。

五、巴西蜂胶的药理活性

蜂胶的生物学活性受植物来源、采集地点、采集蜂种和提取方法等多种因素影响，但是化学成分的差异是造成蜂胶活性变化的主要原因。巴西蜂胶（绿蜂胶）主要的活性成分是异戊二烯-对-香豆酸及其衍生物，而中国蜂胶（杨树型蜂胶）的主要活性成分为黄酮类化合物。

巴西蜂胶具有多种生理药理学活性，但目前大部分的研究仍以巴西绿蜂胶中的酚酸类化合物为主，而其他类型的蜂胶仍含有黄酮类、萜烯类等多种生物学活性物质。研究发现，巴西蜂胶中酚酸类化合物含量丰富，种类繁多，在其抗氧化、抗菌、抗肿瘤、细胞毒性等生物学活性方面发挥着极其重要的作用。巴西蜂胶中已分离鉴定出的黄酮类化合物大都以游离黄酮苷元形式存在，表现出很强的抗氧化、抑菌、抗炎、护肝等生物学活性。

研究报道显示巴西蜂胶挥发性成分中含量较高的绝大部分为萜类化合物及其含氧衍生物，生物活性则体现为抑菌活性。巴西蜂胶中含有的木脂素类化合物广泛分布于包括食用植物在内的多数木本植物组织中，具有多种生理药理活性，特别是抗肿瘤及抗病毒活性，已引起了人们的极大关注。

六、巴西蜂胶与中国蜂胶的不同

Bankova 根据蜂胶的植物来源把世界不同地区的蜂胶大致

分为六类，分别是：杨树型蜂胶、桦树型蜂胶、巴西绿胶、红胶、太平洋蜂胶及加那利群岛蜂胶。中国蜂胶属于杨树型蜂胶，其主要成分为酚酸类物质和黄酮类化合物，而巴西绿蜂胶的主要化学成分为香豆酸类物质。

巴西蜂胶主要来源于热带植物，如酒神菊树（Alecrin）、尤加利树（桉树 Eucalyptus spp）、迷迭香树、驴皮草等绿系胶源植物。中国蜂胶的代表性类型主要是来源于杨树的蜂胶。杨树从新疆到东部沿海，北起黑龙江到长江流域都有分布，成为世界上种植杨树面积最大的国家。杨属分为五大派：白杨派、青杨派、黑杨派、胡杨派、大叶杨派。全属100多种，我国有50多种。同是杨树蜂胶，由于杨树的派系不同，在成分上也同样会存在一些差异。杨树蜂胶在我国有着不可替代的地位。

巴西蜂胶与中国蜂胶中的挥发性成分在含量及化学组成上均存在差异，李雅晶等的研究结果显示巴西蜂胶挥发性成分平均值为11.21%，同样工艺条件提取得到中国蜂胶挥发性成分平均值为9.73%。巴西蜂胶中挥发性成分含量要高于中国蜂胶，其萜烯类成分含量高是巴西蜂胶的主要特征。吕泽田等应用高效液相色谱法，将40个不同产地、不同树种的中国蜂胶提取物和原产地巴西的3个蜂胶样品进行分析，中国蜂胶总黄酮含量平均值高达14.62%，而原产地巴西蜂胶的总黄酮含量平均值为8.93%。中国大陆主要产地的蜂胶中总黄酮含量普遍高于巴西蜂胶。

浙江大学动物科学学院胡福良教授也做过一些巴西蜂胶与中国蜂胶的对比试验，也发现相似的实验结果。在化学成分方面，中国蜂胶黄酮类物质含量较高，而巴西蜂胶萜烯类物质含量较高。生理药理对比试验结果发现，两者在功效上差异不大，有些功效巴西蜂胶好一些，有些功效中国蜂胶好一些，比如在中国蜂胶和巴西蜂胶对糖尿病模型大鼠的作用中发现，中国蜂胶对血糖的控制效果和肝脏的保护效果优于巴西蜂胶，而巴西蜂胶改善氧化应激的效果要优于中国蜂胶。该学院曾经与日本岐阜药科大学合作研究了中国蜂胶与巴西蜂胶对心血管，主要是脑溢血影响的对比试验，结果两者没有明显差异。

朱威博士研究结果表明蜂胶能改善糖尿病大鼠肝肾功能。比较中国蜂胶和巴西蜂胶的效果发现，中国蜂胶和巴西蜂胶对1型糖尿病具有相似的生物学活性，还发现中国蜂胶和巴西蜂胶具有相似的保肝活性。中国蜂胶对血糖的控制效果和肝脏的保护效果略优于巴西蜂胶，而巴西蜂胶改善氧化应激的效果要略优于中国蜂胶。

王月华等（2014）通过比较不同浓度的中国蜂胶和巴西蜂胶对肺癌、结肠癌、乳腺癌以及肝癌细胞的细胞毒性，发现中国蜂胶和巴西蜂胶对五种不同的肿瘤细胞均具有抑制活性，且呈现时间和剂量依赖关系；同浓度的中国蜂胶的细胞毒性比巴西蜂胶的细胞毒性大，对五种肿瘤细胞的抑制率较高。此外，龚蜜等（2009）比较了巴西蜂胶（巴西绿胶）和中国随州蜂胶（湖北）的抗氧化活性，发现巴西蜂胶抗氧化活性和黄酮类化合物含量不如中国随州蜂胶。

以上结果均说明巴西、中国两地蜂胶挥发性成分化学组成与当地胶原植物有关，但均含有相对含量较高的具有抑菌、控制血糖、抗肿瘤、保肝、驱虫等生物活性的化学组分。可见，蜜蜂似乎能因地制宜，以不同的原料制造出功能相似的蜂胶，最大限度发挥蜂胶的多种神奇作用。

第二章

让蜂胶做你的健康帮手

第一节　蜂胶的药理作用

一、天然广谱抗生素

人类绝大多数疾病都是由病菌、真菌、病毒、病原虫等微生物感染所引起的。20 世纪初，科学家发明了从筛选微生物的系统程序分离微生物所产生的化学物质，通过化学修饰合成的各种抗生素，相继投入工业化生产，曾经挽救过无数人的生命。

但是，合成抗生素对人体内的“有益细菌”和“致病细菌”都产生很强的杀灭作用。连续服用数日会出现食欲下降、精神不振等副作用。目前抗生素的功效在使用中被不断放大，导致了抗生素滥用现象。而且使用一段时间会造成病原微生物产生抗药性，使药物的疗效降低至失效。

化学合成抗生素成分单一，作用面窄，抗菌效果好时，抗病毒作用差；抗病毒效果好时，抗菌作用差。很难合成一种对细菌、真菌、病毒、病原虫都有杀灭或抑制作用的广谱抗生物质素。

蜂胶作为天然抗生素，能有效杀灭细菌、病毒，阻止其对细胞的侵袭，具有显著的抗病原微生物作用。它是蜂巢中唯一能抑制微生物的物质。

日本营养学权威德永勇治郎博士早在其出版的著作《蜂胶—天然的抗生素物质》中写道："蜂胶是人类已知最具有天然抗生效果的物质。"蜂胶作为天然抗生素，研究证明：蜂胶对病菌、霉菌、病毒和病原虫都有抑制或杀灭作用，而且没有任何副作用，是一种安全、无毒、温和、有效的天然抗生物质。

1. 蜂胶对细菌的抑制和杀灭作用

1985 年 Meresta 测试了 75 种菌株（其中 69 株是葡萄球菌和链球菌属细菌）对蜂胶提取物的敏感性。结果表明：这 75 株菌株对蜂胶提取物很敏感，蜂胶提取物对金色葡萄球菌的最低抑菌浓度（MIC）和最低杀菌浓度（MBC）分别是 10 毫克/毫升和 120 毫克/毫升。Bosio 等测定了意大利不同地方 2 个蜂胶乙醇提取物抗化脓链球菌的活性，MIC 和 MBC≤34 微克/毫升。Grang 等发现蜂胶乙醇提取物的制剂（3 毫克/毫升）能完全抑制铜绿假单胞菌和大肠杆菌的生长，但对肺炎杆菌没有作用。1990 年 Feuntes 等认为蜂胶乙醇提取物对包括金黄色葡萄球菌、枯草杆菌、大肠杆菌、*poeruginosa*、表皮葡萄球菌和链球菌在内的革兰氏阳性菌有明显的抑制和杀灭作用。Vadez Gonzaloz 等发现蜂胶乙醇提取物能抑制包括链球菌和芽孢杆菌在内的很多细菌的生长。Kedzia 等还对 267 株厌氧菌进行了测试，发现培养的厌氧细菌对 1 毫克/毫升的蜂胶乙醇提取物表现出高度敏感性。

研究发现，在含有抗生素的培养基内添加蜂胶乙醇提取物后，不仅能增强培养基对金黄色葡萄球菌和大肠杆菌的抗菌作用，还能防止或减缓葡萄球菌对抗生素抗药性的形成。

2. 蜂胶对真菌的抑制和杀灭作用

我国学者房柱等通过纸碟法实验证明蜂胶具有抗霉菌作用。对我国常见的皮肤浅部致病霉菌——絮状癣菌、红色癣菌、断发癣菌、黄癣菌、羊毛状小孢子菌、石膏样小孢子菌、大脑状癣菌等进行试验，发现有较强的抑制作用。Millet-Clerc等报道，10%的蜂胶与某些抗真菌药物混合后能增强白色念珠菌的作用。抗真菌药物中加入蜂胶后能增强这些药物对大部分真菌的抗菌作用。Kujumgiev等研究了不同地区蜂胶样品对白色念珠菌的抗微生物活性，所有样品都显示了抗性。Lori等人还发现了5%～10%蜂胶能阻止发癣菌的生长。

许多学者对蜂胶的抗霉菌作用的有效成分也做了大量研究。Milena等（1989）发现蜂胶中苯甲酸、水杨酸和香草醛对霉菌的抑制作用较强。Metzner等（1977）证明，蜂胶中乔松素、对香豆苯酸酯、乙酸乙酯、短叶松素、高良姜素和咖啡酸酯对浅部霉菌、须发癣菌的抑制作用比灰黄霉素强。

3. 蜂胶对病毒的抑制和杀灭作用

1985年Moksimovo-Todorova等用不同溶剂对蜂胶进行提取、分离，并对这些提取物进行有关病毒学研究，发现一些蜂胶的提取物在不同的生物实验系统内影响流感病毒A和病毒B、牛痘病毒的复制。1995年Macucci等人，用蜂胶乙醇提取物对流感病毒、乙肝病毒、疱疹病毒、牛痘病毒、骨髓灰质炎病毒、小泡性口腔炎病毒等进行抗病毒试验，结果证明蜂胶提取物有很强的抗病毒活性。美国Harish等实验表明蜂胶能够抑制人类免疫缺陷病毒（HIV-I）的复制，同时发现蜂胶在体外有调节免疫作用。

大量的科学研究表明：蜂胶对A型流感病毒有灭活作用，对乙肝病毒、疱疹病毒、腺病毒、牛日冕病毒、人日冕病毒、伪狂犬病毒、脊髓灰质炎病毒等有很强的抑制或杀灭作用，还能降低病毒的感染性和复制能力。

4. 蜂胶抗原虫作用

Higashi等报道，蜂胶乙醇提取物和蜂胶二甲基亚砜提取物对三种原生物有抗性，当乙醇提取液的浓度为100毫克/毫升的时候，24小时后血液中所有的锥虫都被解体。Starzyk和

Scheller 等研究发现蜂胶乙醇提取物对三种阴道滴虫有作用，当乙醇提取物浓度为 150 毫克/毫升时，蜂胶的乙醇提取物对阴道滴虫作用 24 小时就出现杀灭效应。用蜂胶乙醇提取物对寄生性原虫兰伯氏贾第虫生长的试验中发现，当蜂胶乙醇提取物浓度为 11.6 毫克/毫升时，对 98%的兰伯氏贾第虫有抑制作用。蜂胶对鞭毛纲、孢子纲和纤毛纲的病原虫作用显著，对毛滴虫有杀灭作用。

蜂胶中含有 20 余类，500 多种天然成分，功效成分多样化，生物活性强，病原微生物难以对其产生抗药性。目前，世界上还没有发现任何一种病原微生物对其产生抗药性。蜂胶作为天然抗生素，对众多的细菌、真菌、病毒能同时表现出很强的抑制或杀灭作用。经实验和长期的临床观察，没有任何副作用，其对病毒、细菌的杀灭作用直接改善细胞的外部环境。

二、有效清除过剩自由基

生命存在离不开氧，利用氧是生命运动的基本特征，在没有氧的条件下，生命运动是无法进行的。生命运动的能量来源是人体摄取含有营养素的多种食物。食物在人体内经氧化代谢作用，一部分转化为能量，一部分合成为自身物质。但在氧化代谢过程中，机体会产生一类代谢副产物——自由基。

自由基是带有未配对电子的简单物质分子，具有高度的化学活性，它包括过氧化氢、超氧化阴离子和自由基羟基等。由于自由基带有单数电子，非常不稳定，它能从其他物质的分子中再夺取电子来使自己配对，从而产生连锁反应，使其周围安定的分子也变成自由基。

生命是离不开自由基的活动的，正常情况下，人体内的自由基处于不断产生和消除的动态平衡。生命存在每一瞬间都在燃烧能量，而负责能量传递的搬运工就是自由基。自由基具有积极的生物学作用，对维持机体免疫防御和新陈代谢有促进作用。

衰老是不以人的意志为转移的生物学法则，随着年龄的增长，机体的防护能力下降，自由基的产生和消除会失去平衡，过剩的自由基，通过攻击生命大分子物质和细胞器，造成机体在细胞分子水平和器官组织水平的损害，加快机体的衰老过程，导致细胞活力下降、组织硬化、器官损伤、基因突变等，诱发多种疾病。最新医学表明：自由基是造成机体和肌肤衰老的重要原因。

由于自由基与疾病和衰老有密切关系，因此清除体内过剩的自由基可以预防疾病。健康人体内具备稳定和清除自由基的自我保护机制，由超氧化物歧化酶（SOD）、过氧化物酶（FOD）、过氧化氢酶（CAT）等组成的抗氧化酶系统能使机体各系统、器官和细胞都处于最佳的功能状态。但是，体内抗氧化酶系统活性和含量水平，容易受到机体内外多种因素的干扰而降低。人体一旦不能及时从食物中摄取足够的抗氧化物质，就会导致自由基累积，从而加速机体的老化过程。因此，稳定和清除体内过剩的自由基，维持自由基在体内的动态平衡，对健康至关重要。

要帮助机体清除过剩自由基有三种办法。第一，增加体内清除自由基的酶系统物质，主要有氧化物歧化酶（SOD）、过氧化物酶（FOD）、过氧化氢酶（CAT）等，但这些物质分子量大，口服后经胃酸灭活，分解成氨基酸后，才能以营养素形式被肠道黏膜吸收。因此只有通过注射方式能保持酶活性，才真正有效。第二，提高体内原有酶系统的活性，这些酶在体内可以分泌，通过强化体内抗氧化酶活性也是一种有效的途径。第三，补充非酶系统物质，主要有维生素类（B族维生素、维生素A、维生素C、维生素E、类胡萝卜素等）、矿物质类（锌、硒、锰等）、黄酮类物质（蜂胶总黄酮、银杏总黄酮等）。这些物质分子量小，口服容易被人体吸收和利用。

蜂胶还有丰富的抗氧化作用的黄酮类、酚类、萜烯类化合物，还含有多种维生素、多种微量元素等成分，具有很好的抗氧化性能，同时还能显著提高人体 SOD 活性。因此，蜂胶是一种非常有效的天然非酶系统抗氧化物质。

国内外学者对蜂胶抗氧研究很多。Kaczmarek 等（1982）研究结果证明蜂胶提取物可以作为脂肪和油类稳定性中的抗氧化剂。1984 年，意大利热亚那医药研究所所长托马斯博士研究了蜂胶抗氧化性，发现蜂胶是抗氧化活性最强的天然产物。Misic 等（1991）试验证明蜂胶所含白杨素、杨牙黄素、良姜素、高良姜素及异戊二烯咖啡酸酯在 1%的脂质浓度下就可以抑制脂质过氧化。刘福海等（1997）研究证实，蜂胶乙醇提取物可以使小白鼠体内超氧化物歧化酶（SOD）活性显著提高。曹炜等报道了蜂胶对自由基致小鼠肝脏损伤的保护作用，说明蜂胶有助于提高小鼠机体 SOD 的活力。梁晓芸等报道蜂胶胶囊能提高小鼠机体 SOD 的活力，降低自由基的产生，说明受试物具有抗氧化能力。

蜂胶中的黄酮类、萜烯类化合物具有很强的抗氧化能力，能有效阻止脂质过氧化对细胞的侵袭，从而可以保护机体的安全。

研究表明抗氧化是预防衰老的关键步骤，很多疾病与自由基有关，过剩的自由基会诱发不同的健康问题。例如常见的动脉粥样硬化、肿瘤、糖尿病、关节炎、心血管疾病等，这些都被认为与自由基有关。因此，从食物中摄取充足的抗氧化剂，能清除过剩自由基，强化机体自我保护机制，增强抗病能力与自愈力。蜂胶成分全面、功效显著，服用蜂胶是补充天然抗氧化剂的一种有效途径。

三、免疫调节

免疫是机体识别、破坏和排斥一切抗原性物质的一种功能，是指机体对外界致病因子如细菌、病毒的抵抗机制。免疫功能来源于免疫系统，它与人体其他功能系统（神经系统、内分泌系统）相互影响、相互制约，共同维持生命运动中的生理平衡。

免疫系统是由免疫器官、免疫细胞、免疫分子和免疫应答系统共同构成的，他们一起构成了机体抵抗外来侵袭的天然屏障。免疫功能是机体在长期进化过程中获得的“识别自身、排除异己”的重要生理功能。主要表现为免疫防御、免疫自稳、免疫监视三方面的功能。免疫防御是指机体对病菌、病毒、病原虫等病原微生物的抗感染能力；免疫自稳是指识别和清除自身衰老残损的组织细胞的能力；免疫监视是指识别、杀伤和清除异常突变细胞，监视、抑制恶性肿瘤在体内生长的能力。

正常情况下，人体在感染各种病原物或身体内部出现病变时，免疫系统可以随时进行清理。当免疫系统受到破坏时，会导致生理功能紊乱，降低机体对抗感染的能力，降低识别和清除自身衰老组织细胞的能力，降低杀伤和清除异常突变细胞在体内生长的能力，导致人体易患多种疾病，如感冒、肺炎、肝病、肾病、糖尿病、心脑血管病、癌症等。

免疫功能低下对中老年人的健康产生极为不利的影响。使多种传染性疾病和非传染性疾病的发病率和死亡率明显提高。因此，健全的免疫功能是人体健康的重要基础。

蜂胶对机体免疫系统具有广泛的作用，既增强体液免疫功能，又促进细胞免疫功能并对胸腺、脾脏、骨髓、淋巴结等整个系统产生有益的影响。蜂胶既能促进机体增加抗体产生，又能增强巨噬细胞吞噬能力和自然杀伤细胞活性，提高机体的特异性和非特异性的免疫功能。因而，蜂胶被称为天然免疫功能促进剂。

Kaivalkina（1967）给家兔每日服用蜂胶乙醇提取物（干物）2.4毫克/千克的水乳剂，与对照组相比较，蜂胶有明显的增高血清丙球蛋白的效应。Scheller 等（1988）研究证明，蜂胶提取物可以增加动物脾脏指数及脾细胞的溶血空斑形成细胞数量，从而增强 B 淋巴细胞的功能。Dimov 等（1991）研究报道，蜂胶提取物能增强免疫机能和丙种球蛋白活性，增加抗体产量，能够增强巨噬细胞的吞噬能力。他们还在 1992 年研究证明了蜂胶提取物可以激活巨噬细胞，增强机体非特异性免疫机能。Reniga 等（1996）研究报道，老年病人口服蜂胶提取物，可使体内抗体合成和免疫细胞吞噬率明显提高。高春义等（2000）通过动物实验，观察蜂胶提取物对移植了 S180 肉瘤小鼠免疫功能的影响，表明蜂胶提取物能使胸腺/体重比值增大，白细胞维持正常水平，脾细胞杀伤肿瘤细胞能力增强。

蜂胶中含有丰富的总黄酮、维生素、微量元素等抗氧化营养素，抗氧化活性强。选用蜂胶作为保健食品，有助于改善或消除免疫器官的功能障碍，改善机体氧化代谢过程，调节免疫系统的生理功能。

国内外大量研究证明，蜂胶不仅能显著增强巨噬细胞的吞噬能力，还能对胸腺、脾脏及整个免疫系统产生有益影响，增加抗体生成量，显著增强机体免疫功能，使机体免疫功能处于动态平衡的最佳状态。

四、改善微循环

人体的血管是体内血液循环的管状通道，它像一条大河，逐渐分支、灌溉血管周围的组织细胞。当血液经过大血管到微动脉时，它流经毛细血管网，再汇入微静脉。由于这些毛细血管口径很小，只是在显微镜下才看得见，因此，我们称这部分血液循环为微循环。

血管属于上皮组织，胶原和硬弹性蛋白含量较高，保证了血管有一定强度承受血液的冲击，有一定的渗透性来保证物质交换。过剩的自由基作用于血管后，氧化促使胶原酶和硬弹性蛋白酶的释放，血管渗透性升高，血液中许多物质渗出血管；氧化导致胶原蛋白过度关联，使血管弹性降低，血管壁变厚，管腔变窄，血管容量下降。过剩的自由基作用于血液中的脂类，形成脂质过氧化物，沉积于血管内壁，使血管壁变厚变脆，弹性降低，血液循环阻力加大，导致动脉粥样硬化进程加快，容易引发冠心病、心肌梗死、脑出血等症状。所以，人体的任何器官、任何部位必须有一个健康的微循环，当微循环发生病变时，就会妨碍营养物质的交换，损害正常细胞、器官、组织功能，势必导致机体衰老。

由于微循环的重要生理功能，被医学界称为“第二心脏”。微循环在输送养料（包括血液、氧和相关营养物质）的同时，还要排除体内的废物（包括代谢废物和二氧化碳），实现血液和组织细胞间的物质交换。

人们改善微循环障碍的方法有多种，主要是服用扩张血管、活血化瘀类药物等。这类药物中发挥作用的主要成分就是黄酮类化合物。蜂胶是自然界总黄酮含量最高的天然产物，黄酮类物质也是保持血管弹性和通透性所必需的重要功效成分，能软化血管，降低血管脆性，改善血管的弹性和通透性。

蜂胶具有抗氧化、稳定和清除体内过剩自由基作用。蜂胶能有效抑制脂质过氧化进程，防止脂质过氧化物沉积于血管内壁，净化血液，使血流通畅。蜂胶中多酚类化合物，具有分解、中和、清除动脉粥样斑块作用。所以，蜂胶被誉为“微循环的保护神”。

专家发现，用蜂胶治疗心脑血管疾病有明显的效果，它能有效降低毛细血管的渗透性，防止血管硬化，改善微循环，并有明显的降低血脂，降血糖、降血压作用，预防和治疗各种心脑血管疾病。

当微循环发生障碍时，就会妨碍营养物质的交换，损害正常细胞、器官、组织的功能，势必导致机体衰老。因此，坚持服用天然、无毒，而又富含黄酮类化合物的蜂胶是保持良好的微循环的理想方法。

五、抗疲劳

疲劳是生命运动中的一种生理现象，是能量物质过度消耗，代谢物质积累，导致机体生理功能下降或抑制，是机体防止过度机能衰竭的一种自我保护反应。

生命运动需要能量，人的各种活动都需要消耗能量。人体所需的能量，来源于食物中的营养物质在体内氧化代谢过程中，生成的一种高能化合物三磷酸腺苷（ATP）。

黄汉华（1988）曾观察过蜂胶乙醇提取液对小鼠疲劳阈值的影响。结果表明，蜂胶对小鼠阈值的改善作用显著，具有提高和增强供试小鼠的抗疲劳效果。从而证明蜂胶有快速消除疲劳的特殊功用，其疲劳阈值增高率为（50.7±15.1）%，$P<0.01$。吴粹文（1997）研究报道，通过喂食蜂胶口服液，对小鼠负重游泳和爬杆时间的影响，对运动时血糖和血乳酸和尿素氮含量的影响，证实蜂胶有明显的抗疲劳作用。与对照组相比较，蜂胶组小鼠负重时间明显延长，爬杆时间明显延长，血乳酸和血清尿素氮含量降低，血糖量增加。证实蜂胶能明显延长有氧呼吸时间，抗疲劳作用肯定。

蜂胶可以提高 ATP 的酶的活性，使细胞分泌更多的 ATP。细胞内产生的 ATP，在代谢过程中会释放出我们赖以生存的能量。体内能量充裕，机体代谢顺畅，及时有效地分解和清除代谢废物，就可以恢复体力，使人精力旺盛。

现代人由于生活节奏快、生活压力大、睡眠不足等，造成体内 ATP 浓度下降。大脑、肝脏等器官负担过重，需要更多的 ATP 来供应能量。但是机体组织细胞（细胞膜和细胞器线粒体），容易受到体内过剩自由基的损害，使氧化磷酸化过程出现障碍，ATP分泌降低，难以满足机体需求，就引起持续疲劳综合征和痛风的增加，严重危害健康。

研究证实：蜂胶能稳定和清除体内过剩自由基，促进体内氧化磷酸化过程，保护细胞膜，保护细胞器线粒体DNA，优化细胞氧化代谢功能，提高机体能量转换效率。

美国伊利诺伊大学的学者发现，二十八烷醇（可用于治疗生殖机能障碍）独特的生理功能：抗疲劳、增强体力、精力和耐力。因为蜂胶中含有二十八烷醇，有助于机体从疲劳状态中快速恢复。

因此，服用蜂胶，可以使机体产生更多的能量，保持和恢复人的精力和体力，有效排除体内代谢废物，促进人的健康。

第二节　蜂胶帮你除病健体

一、蜂胶是糖尿病患者的保护神

糖尿病是一种代谢性疾病，主要是由于胰岛素分泌和作用缺陷导致的碳水化合物、脂肪、蛋白质等代谢紊乱为主要特征的慢性疾病。其临床表现出多饮、多食、多尿、体重减轻、血糖和尿糖增高等症状。

糖尿病是继心脑血管疾病、肿瘤之后的第三大严重危害人类健康的全球性慢性疾病，具有高患病率、高致残率、高死亡率的特点，是当代人类的一大杀手。糖尿病并不是不治之症，可怕的是各种糖尿病并发症，如皮肤感染、视网膜病变、血管硬化、肾病等，这些疾病对普通人不会产生太大危险，但是对于糖尿病患者，是导致糖尿病患者致死致残的重要原因。因此，预防和治疗并发症，成为糖尿病防治工作的最重中之重。

现代研究和临床实践表明，蜂胶对糖尿病及其并发症有较好的辅助治疗功效。蜂胶在防治各种感染以及血管系统疾病等方面是一种非常理想的天然药物。蜂胶具有很好的杀菌消炎、抗氧化、净化血液、排除毒素、强化免疫的作用，而且还具有明显的降血脂、降血糖、软化血管等作用，对糖尿病患者有着非常重要的意义。

根据国内外的研究，蜂胶调节血糖的机理，预防和治疗糖尿病及其并发症的作用机理主要有以下几个方面。

1. 辅助降低血糖

蜂胶中一些黄酮类、萜烯类物质具有促进外源性葡糖糖合成肝糖原的作用，而且，蜂胶中蝶芪等物质具有明显降低血糖的作用。对部分患者，这些物质在含量很低的情况下就可以发挥很好的降糖作用。在药理研究及观察中，用含有丰富的黄酮类、萜烯类物质的蜂胶提取物对糖尿病大鼠及糖尿病人进行观察，均表现出明显的抑制血糖作用，而且随着疗程的延长，效果愈佳。

2. 修复胰岛细胞

蜂胶有促进组织细胞再生作用，能修复受损胰岛、促进胰岛细胞再生，提高胰岛素分泌质量，使之形成良性循环，从而有效地调节血糖，从根本上消除糖尿病病因。因此，坚持服用蜂胶可以对胰岛细胞起保护作用，并帮助发生病变的胰岛细胞恢复正常功能。

3. 强化免疫

蜂胶能使机体血清蛋白和丙种球蛋白合成量增加，能增强白细胞和巨噬细胞的吞噬能力，还可激活巨噬细胞，提高抗体合成量，从而增强机体特异性和非特异性免疫功能。免疫功能增强是提高机体抗病能力，提高整体素质，预防糖尿病及其并发症的重要基础。

4. 抑制细菌、病毒

蜂胶中的黄酮类物质具有抑制病毒繁殖并降低其感染力的作用。正是因为蜂胶提高免疫力抑制病毒的作用，可使糖尿病病人肺、胃、脾、肾功能得以逐渐地加强，逐渐地完善。

实践证明，糖尿病患者坚持服用适量蜂胶，不仅可以排除体内毒素，还可以有效防治各种感染，使久治不愈的感染得到控制和康复。蜂胶的广谱抗菌作用、促进组织再生作用，也是有效治疗各种感染的主要机理。蜂胶的抑菌、抗病毒作用有别于任何一种抗生素，而且经常服用也不会产生耐药性和毒副作用，适合糖尿病患者长期服用。

5. 调节血脂、改善血液循环

糖尿病患者大多伴随高脂血症，血管老化速度比正常人快，很容易引发微循环障碍、脑血栓、心脏病，出现心脑血管系统并发症。蜂胶中丰富的黄酮类物质有很好的降血脂，降低毛细血管的渗透性、软化血管、保护血管的作用，能保护血管不能过早地变脆、变硬，失去弹性，并有效地净化血液，被称为“血管清道夫”。因此蜂胶有利于控制糖尿病患者视力下降，防止血管系统并发症出现。

6. 清除自由基、抗氧化

胰岛细胞破坏是导致糖尿病的一个主要原因，而导致细胞破坏的过程涉及淋巴细胞、细胞因子、自由基等多个环节。自由基作为细胞破坏的中介者，参与糖尿病中细胞的功能丧失、结构破坏过程。

著名医学博士丹羽靳负（1995）报道，体内过多的自由基及过氧化脂质与糖尿病密切相关，有相当一部分糖尿病是自由基和过氧化脂质引起的，或使其进一步恶化。而且，研究证明，用抗氧化剂（SOD）对糖尿病有50%～60%的有效率。

蜂胶是一种很强的天然抗氧化剂，并能显著提高SOD活性。服用蜂胶不仅可以减少自由基对细胞的伤害，还可以预防和治疗多种并发症。

7. 供应能量

食疗是各种类型糖尿病的基本疗法。近年来，糖尿病的饮食治疗原则有所改变，即提高碳水化合物热量，降低脂肪比例，对改善血糖耐量有较好的效果。蜂胶中黄酮类物质，能够增强三磷酸腺苷酶（ATP）活性，刺激机体产生更多 ATP。ATP 是机体能量的重要来源，有供应能量、恢复体力的作用。糖尿病患者服用蜂胶一段时间后，多数体力明显恢复，而且体质逐步得到改善。

蜂胶对糖尿病患者的治疗和保护作用是多种因素协同作用的结果，而且蜂胶对糖尿病患者的保护作用是多方面的。虽然，一些糖尿病患者的降糖效果不是很理想，但是蜂胶辅助治疗糖尿病最大意义并不是蜂胶的降糖作用，而是蜂胶对糖尿病患者的综合辅助作用，特别是蜂胶能预防各种感染，能够软化血管、净化血液、改善微循环、预防心脑血管并发症的发生。

二、蜂胶是癌症患者的希望

肿瘤（Tumor）是机体在各种致癌因素作用下，局部组织的某一个细胞在基因水平上失去对其生长的正常调控，导致其克隆性异常增生而形成的异常病变。学界一般将肿瘤分为良性和恶性两大类。

良性肿瘤生长缓慢，呈膨胀性扩展，边缘清楚，组织细胞形态与正常组织细胞形态差异小，一般不转移、不复发。恶性肿瘤生长迅速，呈浸润性扩展，并破坏周围正常组织，细胞组织形态与正常细胞差异大。恶性肿瘤浸润广泛，容易转移和复发。

恶性肿瘤从组织学上可以分为两类：一类由上皮细胞发生恶变的称为癌，另一类由间叶组织发生恶变的称为肉瘤，临床上癌与肉瘤之比大约为 9∶1。因此，人们对癌症听得较多，而对肉瘤听得较少，这与癌症病人远比肉瘤病人多有关。癌症是损害健康危及生命的一类疾病，临床上一般采取手术、放射疗法、化学疗法进行治疗，容易对机体造成较大损害。

癌症发生的原因之一，是机体的免疫失调，免疫力低下，变异细胞逃脱了免疫监视，在体内迅速增生，逐渐形成肿瘤组织。而健全的免疫功能，通过发挥免疫监视的生理功能，可识别和杀伤癌变细胞。由免疫细胞向癌变细胞释放穿孔蛋白和溶细胞素，使癌细胞穿孔失活并被溶解。因此，免疫功能健全的人不易患癌症。

近几十年来，国内外学者和临床工作者对蜂胶的抗肿瘤机理进行了大量的试验、研究和观察，发现蜂胶中槲皮素、咖啡酸苯乙酯、异戊二烯酯、鼠李素、高良姜素，以及多糖类等物质对肿瘤细胞具有一定程度的毒害作用。

Derevici等（1965）用蜂胶乙醇提取物通过体外培养观察蜂胶对艾氏腹水癌细胞的影响，证明蜂胶乙醇提取物对癌细胞有明显的抑制作用。铃木郁功（1996）的研究也得到了类似的结论。Ban等（1983）测试了蜂胶提取物对子宫颈癌细胞系的杀灭作用，蜂胶提取物浓度为10毫克/毫升时，使癌细胞生长能力受到50%的抑制。松野哲也（1991）研究证明，蜂胶中二萜类等化合物对肿瘤具有特异性杀伤作用，癌症患者在服用蜂胶后，不仅癌细胞可以消失，而且能够减轻化疗、放疗的副作用。刘富海等（1998）研究证明，蜂胶在很低浓度下就可以显著抑制肝癌、胃癌细胞生长。Kimoto-Tetsuo等（1998）发现蜂胶提取液中3,5-二异戊烯-4-苯丙烯酸（Artep-illin C）具有抗菌活性，对人和鼠类的恶性肿瘤细胞起到细胞毒素的作用，可以明显抑制肿瘤细胞生长，最后导致肿瘤细胞凋亡。Kawabe等（2000）进行动物实验表明，咖啡酸苯乙酯、3,5-二异戊烯-4-苯丙烯酸、三色蓟二萜类物质能预防胸、皮肤、肾和结肠肿瘤的发生。

现代临床研究表明，蜂胶中含有丰富的抑制肿瘤物质，药理实验证明，黄酮类、萜烯类物质有很好的抑制肿瘤作用。蜂胶对肿瘤的抑制可能与下列途径有关。

1. 抑制病毒活性

前苏联科学家认为，病毒是肿瘤的起因，当病毒侵入人体时，能引起基因突变，导致细胞中肿瘤基因的恶性发展。而蜂胶具有很强的抗菌、抗病毒能力，所以具有一定的抑制肿瘤作用。

2. 蜂胶具有抗氧化作用

现今，对癌症成因的研究表明，正常细胞经过长期慢性刺激，产生突变是癌症形成的一个重要原因。引起突变的原因很多，常见的有杀虫剂、汽车尾气、工厂废气、放射线等，其机制是使体内产生氢氧自由基，进而破坏、溶解正常细胞核的DNA。

研究表明，过剩自由基是一种突变原因，也是导致癌症及其他许多疾病的重要因素。在正常情况下，当身体内有细菌、病毒侵入时，自由基会将这些外来异物溶解。但是，当机体内自由基过剩时，会攻击身体的细胞、组织、血管壁及其他器官等，导致各种疾病。

蜂胶含有丰富的黄酮类、萜烯类化合物，是一种很好的抗氧化剂。因此蜂胶可以清除自由基的伤害，减少癌细胞的产生，降低放疗、化疗引起的副作用。

3. 蜂胶强化免疫

目前，作为治疗肿瘤的重要手段之一，放疗、化疗可以使多种肿瘤得到缓解，使病人的生存期得以延长，甚至使一些病人得到痊愈。但是，放疗、化疗对人体的机体具有严重的损伤作用，它们杀伤肿瘤细胞的同时也会损伤机体免疫活性细胞群及造血细胞。因此，强化免疫，对抗放疗、化疗引起的多种副作用，是当今肿瘤防治的重要任务之一。

机体免疫功能的高低在肿瘤治疗中起重要作用，通过增强机体免疫功能来防治肿瘤，具有光明的前景。研究表明，蜂胶是一种天然的免疫强化剂。蜂胶提取物能够刺激免疫机能和丙种球蛋白活性，增加抗体生成量，能够增强巨噬细胞吞噬能力，从而提高机体的抵抗力，抑制癌细胞生长。

4. 蜂胶中富含酶类物质

有研究报道，肿瘤细胞外围是一层纤维素，在肿瘤细胞碰上正常细胞后，就会用纤维素包裹正常细胞，使细胞癌化，癌化细胞自由通过血管，在组织中漂浮。一般癌化细胞的生命只有12小时，长的可达48小时，在这段时间可以借助降解酶的力量，分解肿瘤细胞的纤维素来抑制它。动物实验证明，使用酶治疗肿瘤，不会产生新的肿瘤细胞转移。

蜂胶含有丰富的酶类，对预防和抑制肿瘤有一定的作用。蜂胶成分复杂，蜂胶的抑制肿瘤作用，主要是抑制肿瘤细胞增殖，防止正常细胞癌变和强化机体免疫。蜂胶的开发利用将会给肿瘤患者带来很大希望。

三、蜂胶防治心脑血管疾病

在人类死亡的原因中，心脑血管疾病占有3个第一：总死亡人口39.4%，位居第一；在人类疾病中，心脑血管疾病的复发率高达87%，位居第一；在人类疾病中，心脑血管疾病的致残率高达50%，位居第一。心脑血管疾病死亡率高、发病率高、致残率高，所以，心脑血管疾病被称为危害人类健康的“第一杀手”。我国近年来心脑血管疾病的死亡率已占城市死亡人数的第一位，而且心脑血管疾病发病率还逐年升高。

心脑血管疾病，包括冠心病、脑血栓等，其病因主要由三大病理基础引起的，即血管病理——血管内膜损伤、动脉粥样硬化；血压病理——高血压、低血压；血液病理——血细胞聚集性增高、血浆黏度增高、高血脂、高血糖。

动脉血管内膜损伤造成管腔因粥样硬化斑引起血管壁变硬、变厚，管腔狭窄，弹性与渗透性改变，血流阻力增大，容易引起破裂出血。脑血管缺血或出血，形成脑神经组织功能性障碍，从而引起一系列脑血管系统疾病。动脉粥样硬化涉及全身血管，最常侵犯主动脉、心、脑、肾等重要脏器的动脉。主动脉粥样硬化可波及升主动脉、降主动脉、胸主动脉、腹主动脉及各部分的分支；冠状动脉粥样硬化可引起病情复杂的冠心病，脑动脉粥样硬化，可导致脑动脉缺血，引起头昏、头痛、昏厥、脑血栓、脑出血；当脑萎缩时可引起痴呆、智力下降、记忆力减退、甚至性格变态、行为失常等；肾动脉硬化可引起顽固性肾性高血压、肾动脉血栓栓塞等。肠系膜动脉粥样硬化可引起腹痛、消化不良、血栓栓塞等。下肢动脉粥样硬化因供血不足，可引起下肢发凉，麻木、间歇性跛行等。

实验证实：蜂胶能使人呼吸增加，心脏收缩力增强，舒张血管，减少脂质过氧化物在血管内壁堆积，抑制血小板聚集，抗血栓形成，净化血液，降低血液黏稠度，改善血液循环状态，降低冠脉阻力及外周阻力，增加冠脉血流量，调节血脂、调节血糖、调节血压、防止动脉粥样硬化。

蜂胶中500多种天然活性成分在降血脂，降血压，软化血管，预防动脉粥样硬化、冠心病、心肌梗死和脑血栓等心脑血管疾病的发生方面有着明显的作用。蜂胶中黄酮类物质是公认的保持血管弹性与通透性所必需的重要功效成分，能软化血管，降低血管脆性，改善血管的弹性和通透性。

中国农业科学院蜜蜂研究所报道了30例高血黏度患者服用蜂胶后，血黏度、红细胞超氧化物歧化酶和红细胞过氧化脂质的变化情况。结果表明，蜂胶具有明显的降低血液黏度作用，以及升高超氧化物歧化酶活性和降低过氧化脂质的作用。花美君等报道，蜂胶对高黏滞血症患者血液流变有一定影响。160例典型病例服用蜂胶后，患者治疗前后全血比黏度、血浆黏度、血沉、红细胞积压差异均显著。经蜂胶治疗后患者血液黏度降低，自觉头脑清晰，反应灵活，肢麻消失，体力增加。说明蜂胶确有防止和延缓动脉硬化、狭窄及阻塞的功效，可防治心脑血管病。杨明等通过研究蜂胶对犬血流动力学的影响发现：蜂胶能明显增加冠状动脉血流量和心输出量，明显增加心脏指数和心搏指数，并可减慢心率，降低血压、降低冠状动脉阻力和总外周阻力、降低心肌耗氧量，蜂胶能改善心血管系统功能，增加心肌的供血供氧量，降低氧的消耗，调节心脏供血供氧平衡，改善心肌代谢，对防治心血管疾病有重要意义。

大量的实验结果表明：蜂胶能促进肝脏的脂质代谢，促进组织细胞对甘油三酯和胆固醇的利用和降解，抑制甘油三酯和胆固醇与蛋白质的结合，抑制脂质蛋白和血管壁胶原纤维蛋白的结合，同时，蜂胶又能促进肝脏合成高密度脂蛋白，合成的高密度脂蛋白又能转运已经和血管壁胶原纤维蛋白结合的甘油三酯和胆固醇等低密度脂蛋白和极低密度脂蛋白，恢复血管壁的正常结构和弹性，真正达到清理血液，软化血管的作用，是名副其实的“血管清道夫”。

四、蜂胶保护胃健康

胃病是一种常见病，由饮食因素、心理因素、病菌感染、药物影响等多种因素损害胃器官所致。常见的胃肠道疾病有慢性胃炎、消化性溃疡、便秘、胃癌、大肠癌等。据世界卫生组织统计，仅中国就有1.2亿胃肠病患者，其中中老年人占70%以上。世界上每年死于胃肠病的人数都在1 000万以上。

胃病的主要表现形式是胃痛，中医称胃脘痛。胃病的发生和发展与胃黏膜密切相关。胃黏膜损伤病变，造成胃黏膜器官生理功能失调，胃液分泌的调节机制紊乱，不适应人体生理需求，胃酸分泌过多或胃酸不足，进一步加剧胃黏膜损伤病变。但从1983年以来的研究发现，除胃酸分泌过多等因素外，幽门螺杆菌成为胃及十二指肠溃疡的重要原因。

幽门螺杆菌具有耐酸性，是一种寄生在消化道的细菌，如果长期不愈，可以诱发胃癌。据统计有70%的胃溃疡患者，有幽门螺杆菌感染，但大多数患者并不知道已被感染了病菌。胃病患者若感染了幽门螺杆菌很可能通过唾液和飞沫传染他人。因此，一旦患上慢性胃病，需要小心治疗和保养。

目前常见的慢性胃病的药物治疗有五大类，见表1。

表1　常见慢性胃病治疗药物特点

药物种类	药物特点及疗效	药物副作用
抗酸剂	能直接中和分泌的胃酸，多含有铝或镁的化合物	含铝较多易引起便秘，含镁较多易引起腹泻
细胞及黏膜保护剂	可覆盖在溃疡表面，形成保护膜，增加黏膜血流量，增强黏膜保护	易引起头疼、腹泻、舌头变黑等
组织胺受体拮抗剂	抑制胃酸分泌，促进溃疡愈合	长期服用会有头痛、眩晕、性功能障碍等副作用
质子泵抑制剂	阻断ATP酶活力，抑制胃酸分泌，促进溃疡愈合	头痛、腹泻、恶心、便秘等
抗生素制剂	抑制或杀灭幽门螺杆菌	不易长期服用

南美的古印第安人记载了使用蜂胶缓解胃痛等各种病症，现代医学也同样证明了蜂胶有助于治疗以及辅助治疗胃病。

Loth等（1994）报道，蜂胶提取物中的松属素、高良姜素、柯因有很强的抗幽门螺杆菌的作用，它们抗幽门螺杆菌的活性相当于ansoprozo（一种抗溃疡药物）的活性。Beli等（1995）将不同的黄酮类化合物加入到培养基中，经过72小时培养，发现黄烷酮和黄酮浓度增加到10微克/毫升以上时，幽门螺杆菌的生长明显受到抑制。马继红（1996）使用蜂胶益胃胶囊治疗38例胃脘痛，取得了显著疗效。钟立人等（2002）发现蜂胶各种溶剂提取物对幽门螺杆菌有很好的抑菌效果，以95%乙醇提取物的抑菌能力最强。李平（2005）选用古方“左金丸”与蜂胶按一定比例配伍，治疗幽门螺杆菌感染胃炎60例，取得较好的临床效果。Vennat（1989）把黄酮类化合物与组织胺受体拮抗剂联合使用治疗溃疡，发现黄酮类化合物可以增强抑制溃疡的效果，并降低发生胃癌突变的概率。

蜂胶是天然胃黏膜保护剂。蜂胶能使胃黏膜表面形成一层胃酸不能渗透的保护膜，强化胃黏膜屏障，调节胃酸分泌，有效保护胃黏膜。蜂胶还有促进胃黏膜损伤病变组织的修复和再生功效，蜂胶中的活性物质通过调节胃黏膜组织血液循环，增加血流量，促进黏膜上皮细胞组织修复与再生，调节胃酸和黏液分泌，重建胃黏膜屏障，实现健全的胃黏膜器官的生理功能。蜂胶中黄酮类化合物以及丰富的酶类物质，还能够促进人体新陈代谢，增加肠胃蠕动，促进消化液的分泌，改善消化功能。通过全身营养状况和体质的改善，促进受损黏膜的修复。

蜂胶含有槲皮素、高良姜素和杨梅酮、松属素、乔松酮及咖啡酯等成分，都被科学界确认有消炎止痛功效。中国蜂产品协会蜂疗保健专业委员会秘书长郑尧隆介绍：在国内外临床运用中，多数胃炎、胃溃疡患者在坚持服用蜂胶后胃部疼痛逐步消失，幽门螺杆菌感染转阴，溃疡愈合。蜂胶具有杀灭病菌、修复胃黏膜、增强消化吸收能力三大功效。因此，在常见的慢性胃病治疗和保养过程中，蜂胶及其产品有很好的药理和生理作用。

蜂胶还有很好的利便排毒作用。便秘是一种常见的胃肠道疾病，应该引起重视。宿便中的毒素和有害气体，经肠壁吸收后进入血液，通过血液循环进入机体器官组织，成为“内毒素”。蜂胶有解毒作用，利肝、利胆、利肾、利尿、利便，调节消化系统生理功能，促进肠蠕动，促进代谢废物的正常排泄。

五、蜂胶辅助调节血脂

高脂血症是指血脂水平过高，可直接引起一些严重危害人体健康的疾病，血脂异常会引起全身各处动脉发生粥样硬化，动脉硬化病变的主要成分为胆固醇和甘油三酯，我国有30%～40%的人存在不同程度的血脂异常。血脂异常除了引起动脉粥样硬化外，还能促进下列病变：高血压、糖尿病、脂肪肝、肝硬化、胆结石、胰腺炎等。

实验证明，蜂胶及其制剂具有降低血脂的作用，可阻止高血脂模型大鼠血黏度和血脂升高，改善血管弹性和通透性，扩张血管，降低血黏度，改善血循环，可以有效防止血管内胶原纤维的增加，抑制血小板聚集，因而可以有效防治高脂血症及其引起的脂肪肝。

蜂胶在临床上用于治疗高脂血症已证实其可靠的疗效。我国著名蜂疗专家房柱教授、苏州医院附属医院、南京医学院附属医院等 9 个单位协作研究蜂胶治疗高脂血症的临床效果。协作组采用不同剂量蜂胶片对 319 例高脂血症进行治疗，患者服用蜂胶前均停用其他降血脂药物，给患者每天服用 3 次蜂胶，疗程 2～3 个月，患者的甘油三酯、血清胆固醇含量均有显著的下降，平均下降速度为 35%左右，总有效率达 80%以上，而且，表现出持续、累进的作用。

中国预防科学院营养卫生研究所测试报告称，蜂胶及其制剂可以使实验性小白鼠的血清胆固醇从 129 毫克/分升降至 112.5 毫克/分升；血清甘油三酯由 73.9 毫克/分升降至 64.1 毫克/分升；高密度胆固醇由 37.8 毫克/分升升高到 38.4 毫克/分升，这些结果均有显著性差异。

蜂胶不但能降低血清胆固醇和甘油三酯水平，还在恢复和提高血液中高密度脂蛋白胆固醇水平和脂蛋白胆固醇/胆固醇百分比等方面，也明显地表现出具有防治血管壁胆固醇沉积的作用。

1997 年，中国农业科学院蜜蜂研究所与中国中医研究院西苑医院的联合研究中发现，蜂胶及其制剂与对照组相比，有明显的降低血清甘油三酯、血液黏度、血浆黏度、红细胞的压积、纤维蛋白原及血小板聚集率等血液流变的作用，在这些测定指标上都体现了良好的量效关系。

南京医学院李子行等研究了蜂胶对42例高脂血症疗效的同时，对照组给服常规降血脂药物“安妥明”，结果表明，二者对高脂血症的治疗作用近似，而蜂胶则未发现任何毒性及不良反应。

此外，临床经验还证实，蜂胶的降血脂作用较为持久。房柱教授在首次报道蜂胶治疗高脂血症时曾介绍6例患者治疗后血脂降为正常值，之后20～45天复查，血脂仍在正常范围内。程韵来等对蜂胶治疗有效的7例高胆固醇血症患者停药2.5～4个月后复查，发现其中5例血胆固醇低于停药时的水平，另2例基本无变化；13例高甘油三酯血症患者停药后2.5～4个月后复查，其中8例血甘油三酯含量低于停药时水平或保持在正常范围，1例无变化，4例高于停药时水平，13例复查的甘油三酯平均值仍低于停药时的平均值。

蜂胶治疗高脂血症，安全有效，无任何毒副作用，受到食用者的普遍欢迎。蜂胶作为辅助调节血脂的保健食品是蜂胶应用的一个亮点。

六、蜂胶双向调节血压

高血压病是指在静息状态下体循环动脉血压（收缩压和/或舒张压）增高，常伴有脂肪和糖代谢紊乱以及心、脑、肾和视网膜等器官功能性或器质性改变，以器官重塑为特征的全身性疾病。对于高血压治疗判定，目前临床采用的标准如下：一般高血压患者收缩压/舒张压低于140/90毫米汞柱[①]；有糖尿病的高血压患者应低于130/80毫米汞柱；有肾脏病高血压患者应低于125/75毫米汞柱。

我国高血压病人近30年来持续增加（目前每年以10%以

① 毫米汞柱为非法定计量单位，1毫米汞柱=133.322 4Pa。——编者注

上的速度递增)，高血压患者在早期没有症状，或只有轻微的症状。在漫长的病程中，它悄悄地发展，有50%以上的病人到发生致死性合并症（如脑出血、心肌梗死）时才被发现，但为时已晚。人们常常把高血压形象地称为“无形杀手”。

如果血压过高，而且长期居高不下，会进一步加快血管硬化，导致血栓、脑动脉血管破裂等危险性疾病。Nikolov等报告，对42例高血压患者进行了临床观察，患者年龄45～72岁，病史4～15年，治疗的同时配合服用蜂胶20天后，37例患者的主要症状明显改善，头痛、头昏、耳鸣等症状消失，未见心前区疼痛，心悸和压迫感减轻，体重也减轻；其中35例血压下降，收缩压平均降低20～40毫米汞柱，舒张压平均降低10毫米汞柱，无不良反应。

研究证明，连续服用富含黄酮类物质及具有很强抗氧化能力的蜂胶，不仅可以减少过氧化脂质对血管的危害，抑制血管硬化，而且，还能有效地调节甘油三酯含量，减少血小板聚集、改善微循环，防止意外事情发生。

因此，对于广大中老年朋友们，尤其是高血压、心脏病、动脉硬化者，经常食用具有抗氧化能力、富含黄酮类物质的蜂胶产品，对延年益寿十分有利。

七、蜂胶可保肝、护肝

肝脏是人体最大的腺器官，在碳水化合物、蛋白质、脂类、维生素等物质的吸收、贮存、生物转化、分泌、排泄等方面，都起着重要的作用。肝脏具有解毒排毒功能，不管是内毒素，还是外毒素，都要经过肝细胞吞噬、分解、清除，是人体重要的保护器官。肝脏是重要的血液调节器官，参与血液中许多凝血因子的合成，参与造血、贮存和释放造血因子。

由于日常的进食不注意，加之过量的饮酒以及某些药物和化学物质等，往往会对人体肝脏系统造成损害。有时也会因为病毒的侵入使肝脏出现病变，导致肝细胞长期慢性炎症、部分细胞死亡、肝脏纤维组织增生、残存肝细胞结节性再生，导致供血阻断和减少。此时的肝细胞已不再具有正常的结构、形态和功能，并且丧失了合成、代谢、免疫和解毒功能。

病毒感染是引发肝炎的主要因素，目前已知的病毒性肝炎有甲、乙、丙、丁、戊、庚六种类型，其中乙肝是流行最广泛、危害最严重的一种传染肝炎。乙肝通过血液和体液传播，传播途径有注射、输血、日常生活接触等。乙肝病人和乙肝病毒携带者是乙肝的重要传染源。我国人口中大约每10人中就有1人是乙肝病毒携带者，大约有7亿人已经感染或正在感染乙肝病毒。

由于初患乙肝者基本没有什么症状，所以常不引起人们重视。随着体内乙肝病毒增多，对肝脏损害程度逐渐加重，相继产生一系列症状，如食欲减退、恶心、乏力、肝肿大、伴有压痛、肝功能失常，部分患者有黄疸。乙型肝炎是目前国际医学难题之一，尚无治疗乙型肝炎的特效药物，而且在治疗中要重视休息和饮食调养，用药要特别注意防止药物对肝脏产生新的损害，用药需遵照医嘱，切忌有病乱投医、滥用药。

与其他药物相比，蜂胶在防治肝炎方面有其独特疗效。治疗乙肝，必须清除血液及肝细胞内的乙肝病毒，抑制病毒在肝脏细胞内复制，同时要提高机体免疫力，增强自身抗病能力。俗话说“是药三分毒”，很多治疗肝炎的药物都有一定的毒性及不良反应。所以，目前在治疗乙型肝炎时，一般采取三分药、七分养，重在调理，而蜂胶中富含总黄酮、总酚酸、活性多糖和萜烯类物质等，具有调节转氨酶活性，降低血清转氨酶浓度水平，改善肝细胞生物膜活性与通透性，提高酒精分解酶活性，解毒消炎、修复肝组织细胞的病变损伤，防止中性脂肪堆积和肝硬化的发生与发展。据国内外文献报道：蜂胶具有很强的抗病毒作用，其中就包含乙肝病毒。蜂胶还可以有效地调节肝细胞氧化代谢功能，促进肝细胞再生，并对化学药剂和酒精造成的肝脏损伤起到保护和修复作用。同时，蜂胶还能提高ATP酶的活性，促进机体生成更多的ATP，在代谢中释放出更多能量。机体代谢顺畅，能有效地清除废物，起到减轻肝脏负担的保肝作用。

蜂胶对动物肝脏损伤的保护作用是多种活性成分协调作用的结果。以下介绍了国内外学者在蜂胶保肝、护肝作用方面的部分研究成果。

Hollands等（1991）研究报道，蜂胶中黄酮类物质对肝脏有很强的保护作用，能够解除肝脏的毒素，减轻肝中毒。Lin S-C等（1997）研究发现，蜂胶对乙醇造成的肝损伤也有保护作用。结果发现当蜂胶提取液剂量10毫克/千克时，血清转氨酶和三酰甘油水平显著降低。当供给剂量达到30毫克/千克时，蜂胶提取液降低了肝细胞脂肪的变性。当供给剂量达到100毫克/千克时，能诱导7-谷氨酰半胱氨合成酶和谷氨酰-S-转移酶的产生，降低肝中谷胱甘肽的含量。Rodriguezs等（1997）给大鼠口服1 000毫克半乳糖胺，30分钟后口服蜂胶酊10毫克/千克，50毫克/千克或100毫克/千克，发现蜂胶能够预防或减轻肝损伤；它能停止丙氨酸转氨酶和丙二醛活性的提高，并降低它们在血清里的浓度，同时研究人员还能给出蜂胶内部具有的抗氧化性在预防肝炎上的可能性。Seo Kyung Won等（2003）用大鼠和小鼠试验表明，蜂胶对诱导的肝损伤有保护作用，这种作用可以抑制Ⅰ型酶和诱导Ⅱ型酶来解释。

八、缓解或消除更年期综合征

更年期是人体由成熟步入衰老的过程，是从中年到老年的过渡阶段。人到了更年期，由于内分泌功能的衰退，引起机体生理功能平衡失调，都要或早或晚、或多或少、或轻或重地出现一些生理功能障碍或相关症状。更年期症状是一系列以自主神经功能紊乱及代谢障碍为主的症候群，临床上称为更年期综合征。通常表现为精神倦怠、焦躁，性功能减退及器官组织衰老等征兆，给患者造成极大痛苦。

更年期症状的表现与个人身体素质密切相关。身体素质好的人，更年期症状较轻，出现症状的年龄也比较晚，生理功能障碍不明显或基本上没有相关症状的出现。而身体素质差的人，则很难适应生理上的变化，更年期发生的年龄比较早，持续的时间也比较长。

对于更年期症状，西医常用性激素治疗，一般来说，90%～95%女性服用雌激素后可改善更年期症状，但患子宫癌或乳腺癌等副作用的风险也会增加。因此长期服用药物效果不理想。

内分泌系统是机体生理运动的重大调节系统，是由具有分泌激素功能的内分泌腺体和组织所构成，研究发现，蜂胶中含有丰富的营养素和活性成分，能促进内分泌运动，调节自主神经功能，止痛镇静，活化细胞，净化血液，消除氧化代谢障碍，提高物质交换效率，增加能量物质（ATP）产量，缓解或消除疲劳。服用蜂胶能使妇女更年期症状减轻或消失，还能改善性功能，改善更年期生理功能。

蜂胶温和有效，无副作用。长期食用蜂胶，可以使更年期症状减轻或消失，可以有效改善性功能。难能可贵的是，蜂胶不仅对更年期女性有效，对男性也显示出理想的功效。

九、前列腺增生的克星

前列腺是男性的附性腺，呈上宽下尖的栗子性状。成年男性前列腺重约 20 克，具有活跃的分泌功能。

前列腺增生是一种慢性的中老年男性常见病变，60 岁以上的老人发病率可达 50%～70%。前列腺增生，是指由于分泌与代谢功能失调，引发前列腺上皮组织有丝分裂活动失控，导致前列腺体积逐渐增大几倍甚至十几倍，进而压迫尿道，导致尿频、尿多、尿急、尿痛、尿难、尿血、尿不尽、尿等待、四肢无力、性功能障碍等诸多不良症状。而且，随着患者年龄增加，症状也逐步明显或加重，腺体体积会比正常腺体大10～15倍，这不仅给患者造成生理上的不便，还有精神上的痛苦。

目前，治疗前列腺疾病的方法较多，如手术治疗、西医激素类药物治疗、微创治疗、中医调理等，各种疗法各有千秋，有利有弊。目前中医常以活血化瘀方剂施治，疗效肯定。中医调理一般采用的药用植物，大多含有黄酮类物质。因黄酮类物质具有软化血管，改善血管弹性与通透性，净化血液，改善血液循环状态，抗氧化，改善组织细胞氧化代谢功能，中和分解或清除血管内壁积存物，调节内分泌活动，消除机体代谢障碍等作用，可以有效抑制前列腺组织增生。

经研究和临床应用证明，蜂胶中苯醌类等物质对前列腺素PGE2生物合成具有抑制作用，服用蜂胶能抑制前列腺素的形成，缓解前列腺素的分泌，对前列腺疾病有一定的治疗作用。

前列腺疾病发生时，常会有细菌感染和伴随炎症，蜂胶中多种活性成分都具有明显的抗菌消炎作用。研究证明，蜂胶中黄酮类、萜烯类等物质能有效提高前列腺内吞噬细胞的活性，强化对炎症的吞噬作用，消除炎症引起的腺体肿胀、刺痛，迅速有效地杀伤杀灭存在前列腺及尿道内壁的淋状纤毒从而达到治疗作用。

前列腺疾病患者体内会产生很多毒素，蜂胶能有效清除人体过剩自由基和代谢产物，还具有很好的抗病毒作用，可将前列腺周围内外的毒素、堵塞物等液化分解，之后这些物质随尿道等排出体外，从而保证了前列腺卫生安全，为之创造了良好的环境。蜂胶中多种活性成分如氨基酸、多肽、多种维生素等可以参与调解人体内分泌等各种活动，自动修复受伤腺体和其他组织。蜂胶还能提高机体的免疫能力，有助于抵御和避免病毒的再次侵入。

总之，蜂胶是自然界总黄酮含量最高的天然物质，具有抑制前列腺增生功能。众多研究结果和患者的治疗效果表明，蜂胶及其产品对前列腺疾病的防治有良好的效果，如果配合其他蜂产品疗效更佳，一般治愈率可达80%左右。

第三节　蜂胶让你更美

一、延缓衰老

衰老是一种生命现象，代表机体内部结构的衰变。衰老始于细胞，细胞的衰老源于结构与功能的改变。当细胞氧化代谢功能失调，代谢产物的生产，背离了生命运动的需求，衰老进程开始启动。细胞代谢功能紊乱，加快衰老进程。

机体抗氧化物质供应不足，造成体内过剩自由基对细胞膜及细胞线粒体DNA的损害，是导致细胞代谢功能失调的根本原因。细胞膜中的不饱和脂肪酸在过剩自由基的作用下，发生过氧化反应，产生丙二醛及其相关产物，再与蛋白质分解的氨基酸残基、脂类物质等发生交联聚合，形成脂褐素。它是公认的衰老物质，主要沉积于脑组织、心脏、脾脏、肝脏、皮肤组织中。

随着年龄的不断增长，体内的脂褐素也不断积累，当其积累过多时，会引起酶失活或活性降低，造成细胞结构损伤性改变，影响细胞线粒体氧化磷酸化代谢功能，降低体内ATP产量，损害线粒体DNA，引起复制或转录差错，发生交联聚合或断裂失活，这是细胞衰老的分子基础。

研究表明，人的生命是有限的，但是衰老的进程是可以进行调控的。特别是早衰，其实就是一种抗氧化物质缺乏症。及时补充足够的抗氧化物质，能改善体内氧化代谢过程，强化体内稳定和清除自由基的自我保护机制，防止和减少体内脂褐素的积累，对机体生理功能造成的损害，延缓衰老进程。

蜂胶具有很好的抗氧化作用，能有效减少自由基对人体的侵害，同时能显著提高人体内超氧化物歧化酶（SOD）的活性，阻止脂质过氧化，阻止过氧化物对细胞的侵袭，改善细胞的生态环境。食用蜂胶产品，能有效补充抗氧化物质：如总黄酮、总酚酸、苷类、维生素、矿物质等，可补充非酶系统，直接清除自由基。蜂胶能修复自由基造成的损害，并能快速分解已形成的过氧化物，促进代谢废物正常排泄，从而减缓衰老。蜂胶能使血液或组织中过氧化脂质降解产物丙二醛含量降低，抗氧化酶活力增强，从而延缓衰老。

蜂胶还可以改善血管特别是皮下毛细血管、微血管的弹性和通透性，改善血液循环状态，抑制斑点形成，减少色素沉积，养颜润肤，延缓衰老，使皮肤洁白细致；蜂胶可活化细胞，促进细胞再生和组织修复，从而整体改善机体消化系统生理功能，利尿、利便，解毒排毒；蜂胶强化皮肤免疫水平，抵抗外来侵害，调节人体机能，保护皮肤，延缓衰老。常食蜂胶保健食品，能有效补充体内不足的黄酮类化合物、维生素、微量元素等抗氧化物质，起到延缓衰老的作用。

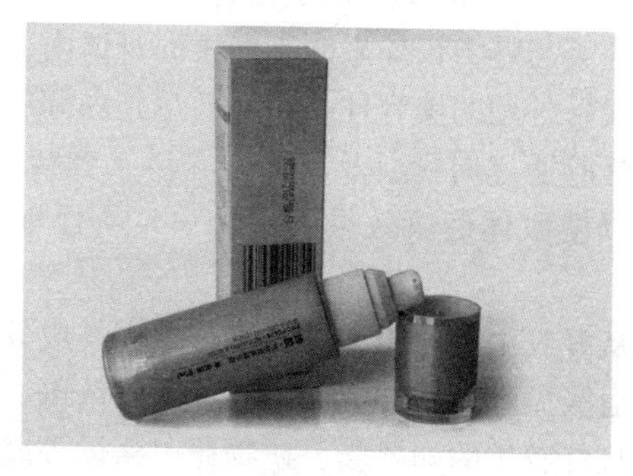

蜂胶精华露

（东莞市养生源蜂业有限公司 提供）

二、美容护肤

古今中外，爱美之心人皆有之。谁都想拥有一副天使般的面孔。

皮肤是人体最大的器官组织，也是人体的天然屏障，具有活跃的生理功能，参与全身功能活动，保持机体与外界的平衡。皮肤由表皮、真皮和皮下组织所组成，是机体代谢过程中重要环节之一，也是人体第一道健康防线，养护皮肤是美容的重要内容。

俗话说，脸是人体健康的一面镜子。也就是说，人是一个有机的统一体，任何病变可以在脸上显示出来。健康状况与肤色有关，如肝病患者皮肤泛黄、皮肤瘙痒，心脏病患者唇紫颊青，睡眠不佳者眼圈发黑，皮肤干燥，营养不良的人面黄肌瘦，枯涩无光。

过剩自由基作用于皮肤细胞膜，引起氧化反应，损害胶原蛋白和弹性蛋白，消耗皮肤保湿因子（透明质酸酶）。过剩自由基影响皮下组织，特别是毛细血管和微血管的生理功能，影响血液循环状态，引起皮肤结构性损伤和功能性障碍。

“由内养外，从根养颜”的美容原理，越来越得到大家的认同。其实，美与魅力，均来源于健康的身体内部。蜂胶是一种既可口服又可外用的美容佳品，从而达到内调理与外保养的完美结合。蜂胶通过周身以及局部，养治二者结合进行美容，这种原理可以使肌体健康效果表里如一，从根本上达到美容效果。

目前已从蜂胶中鉴定出了300多种黄酮类成分，它们能促进皮下组织血液循环，增加皮肤弹性、分解色斑、抑制老年斑的形成，而且蜂胶里的卵磷脂、矿物质、萜烯等成分可以软化角质层，使皮肤细嫩、不粗糙、富有弹性，具有抗皱抗衰老作用。另外蜂胶中一重要成分阿魏酸是科学界公认的美容因子，能改善皮肤质量，使其细腻光泽富有弹性。

内服蜂胶产品，因其具有多种生理功能：抗氧化、稳定和清除自由基、消炎、排毒、调节内分泌、净化血液、调节血脂、调节血糖、调节血液黏稠度，改善机体代谢功能，改善血液循环状态，分解色斑、养颜润肤，从体内创造美。

蜂胶外用时，美容护肤效果显著。可消除粉刺、青春痘，分解色斑，减少皱纹，使肌肤重现细腻、光洁、红润。脸上有粉刺时，可以直接涂抹，也可在日常的化妆品中加入蜂胶液后涂抹，这样可以更好地防止粉刺被细菌感染后化脓，坚持几天，粉刺就会收敛。蜂胶直接外涂时需要进行稀释。

蜂胶体现了标本兼治的美容原理。由于皮肤组织恢复了良好的生理平衡，恢复了生机和活力，肌肤就会细腻嫩滑、红润光泽、富有弹性。由内而外，全身心地进行美容，使得机体健康，达到自然美的效果。

蜂胶应用于美容护肤历史悠久。从古埃及王后到阿拉伯平民，从欧洲贵族到世界各地养蜂人，都从蜂胶中获得了出乎意料的美容护肤效果。经常食用蜂胶保健食品的人群，在增强体质的同时，皮肤色斑消退，减少或消除老年斑，粗糙干燥的皮肤恢复正常，容光焕发。

蜂胶因其具有很强的广谱抗菌作用，是天然的防腐抗氧化、止痒、除臭剂，因此可作为护肤霜、面霜、雪花膏、生发乳、沐浴露、发胶、香皂、牙膏等日用化妆品的原料。

1. 蜂胶洗涤用品

洗发时，使用蜂胶洗发香波可以增加头发亮泽，使用一段时间后还可以使头发增加黑度。由于蜂胶混合洗涤液的分子结构有利于在毛发表面形成一层极薄的透明保护膜，所以不仅可以使头发乌黑发亮，还可以杀菌止痒，营养毛发，激发毛囊活力，抑制产生头皮屑等。使用蜂胶洗面奶和沐浴露进行洗脸和洗澡时，既可以帮助杀菌、消炎，又能止痒，消除皮肤代谢物，促进血液循环，使皮肤保持生机与活力。

2. 蜂胶化妆品

将蜂胶化妆品均匀涂抹在脸部，加以适当的按摩，可营养滋润皮肤，并有很强的杀菌、消炎、止痒、防冻、抗感染等功能，使用一段时间后，肤色就会变得红润而有光泽。

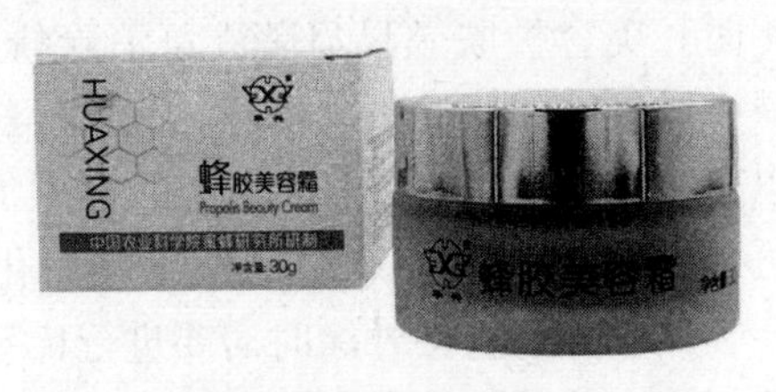

蜂胶美容霜

（北京中蜜科技发展有限公司　提供）

第四节　蜂胶不是万能的

一、世上不存在万能药

世界上不存在广义上的“万能药”，人们永远不可能找到一种包治百病的仙丹妙药，蜂胶自然也不是“万能药”。

我们对“万能药”的狭义理解是，某种药能对多种疾病产生疗效，如 20 世纪人类发明的抗生素就能对多种疾病产生的炎症有出色的疗效。

国内外大量临床实践也证明了，蜂胶对多种危害人体健康的疾病确实有很好的预防和治疗作用，对某些疾病的治疗堪称立竿见影，即使某些疑难杂症，利用蜂胶治疗有时也会表现出奇特的效果。但不要因此将蜂胶神话，夸大它的作用和疗效。

科学研究也证实，蜂胶并不是万能药，它对有些致病微生物的作用力很弱，对有些病原微生物基本无作用，如甲肝病毒等。就算是同样的疾病，不同的病人，蜂胶所发挥的作用也有很大的差异，例如蜂胶在辅助降血糖方面，每一位糖尿病患者的降糖效果不太一样，因此不能把一切希望都寄托在蜂胶上。在很多情况下，蜂胶只能起辅助治疗作用。有时候，我们把蜂胶与其他药物或成分配伍，其药效或疗效会大大增强。这些都充分反映了蜂胶保健和治病的广泛性。

专家告诫说，如果你把健康的一切希望都寄托在蜂胶上，那绝不是一种明智的选择。

二、食用蜂胶应注意的事项

蜂胶是一种珍贵的天然产品，不仅功效很多，疗效显著，而且无毒副作用，几乎是一种男女老少皆宜的产品。尤其以优质、纯正的原料经过科学加工后的产品，一般都可以放心食用。但是，事物总是一分为二的，鲜美的大虾、螃蟹是许多人喜欢的海产品，对少数人来讲可能带来过敏的痛苦。蜂胶确实是种好东西，但并不是所有人群都适合服用，否则会对健康产生影响。服用蜂胶要注意以下事项。

1. 严重过敏体质者慎用或停用

由于个体差异，约万分之三的患者会对蜂胶产生过敏反应，这部分人应该慎用。尤其是那些正处于严重过敏阶段的人，最好暂缓食用蜂胶。对一些过敏体质，如果开始时少量服用，然后随着身体的适应再慢慢地增加用量，也可能避免过敏的产生。

2. 孕妇禁服

孕妇食用蜂胶后，会刺激子宫，引起宫缩，干扰胎儿正常的生长发育。

3. 5 周岁以下的婴幼儿不宜服用

由于婴幼儿的消化系统尚不健全，对食物应有一定选择。蜂胶的功效成分有可能影响婴幼儿免疫系统正常发育，即使确需服用时用量一定要极小，因此 5 岁之前都不提倡食用蜂胶产品。对于 15 岁以下的儿童，使用蜂胶治疗疾病时，一般应减至成人用量的一半为好。

4. 应与西药隔半小时服用

蜂胶可以帮助中药发挥更好的治疗效果，因此，蜂胶加中药可以放心使用。但是，一般的西药，作用效果比中药强且快，因此，对于毒副作用较大的西药，最好还是与蜂胶分开服用为好，一般间隔半小时以上即可。

5. 蜂胶加在水中的黑色漂浮物可以食用

蜂胶加在水中，在水的表面会有两种漂浮物，一种是米黄色漂浮物，一种是黑色漂浮物，这两种漂浮物都是蜂胶的主要成分，米黄色漂浮物主要是黄酮类物质，黑色漂浮物主要是蜂胶油，这些物质都是好东西，可以放心食用。

三、外用蜂胶应注意的事项

国内外多年的临床观察证明，蜂胶外用的过敏率比内服的过敏率更高，这主要是因为内服时，蜂胶要经过口腔、肠胃，它们会分泌多种消化液，分解、吸收各种成分，这样，某些致敏原物质便被分解，从而大大降低了过敏反应。蜂胶产品外用时应先试后用。

江苏镇江句容蜂场

（北京中蜜科技发展有限公司 提供）

蜂胶产品外用另一个问题，就是它的黏附性和影响美观。蜂胶的黏附力很强，它会较长时间附着在皮肤上不易洗掉。尤其是涂在面部，很可能影响美观，女同胞对此更忌讳。因此，蜂胶外用时必须注意：一是应同其他润肤化妆品一起使用；二是在外用时一定要先将蜂胶产品稀释后再使用；三是万一蜂胶黏附在皮肤上，最好用白酒或酒精棉球擦洗或用香皂清洗即可。

第三章 你身边的蜂胶产品

第一节　内服蜂胶产品

一、蜂胶软胶囊

软胶囊又称软胶丸剂，它的形状有圆形、椭圆形、鱼形、管形等。它是将油类或对明胶无溶解作用的非水溶性的液体或混悬液等封闭于胶囊壳中，用滴制法或压制法制备而成的一种制剂。软质囊材是选用优质药用明胶、甘油和其他适宜的药用材料制成。

软胶囊作为药物载体是一个极有发展前途的剂型，是当今世界保健品、功能性食品、化妆品、洗涤用品等可采用的最新包装形式之一。具有避光、防氧化、增加药物稳定性、分剂量准确、生物利用度高、外形美观、携带方便等特点，深受消费者青睐。

食用植物油是蜂胶软胶囊理想的油相材料，用食用植物油溶解蜂胶，技术难度高，产品质量好，其标志是产品的颜色，是与优等蜂胶颜色一致的棕黄色。

根据“相似相溶”的原理，食用植物油的选择以不饱和脂肪酸含量高为佳，如橄榄油、山茶油、葵花籽油、玉米胚芽油等。

有些企业以蜂胶提纯膏为原料，用化学乳化剂（如聚乙二醇 400），重新加热熔化配制，生产蜂胶软胶囊。利用化学乳化剂（如聚乙二醇 400）进行配制过程中需要进行加热熔化，可能会促进转化反应，产生分解产物或类黑色聚合物，形成有害中间体。因此选用化学乳化剂和蜂胶提纯膏配方生产的蜂胶软胶囊，其颜色多为黑褐色。

蜂胶软胶囊（油溶蜂胶）

（方小明　提供）

二、蜂胶硬胶囊

蜂胶硬胶囊是指将蜂胶提取物制成粉体或颗粒，并装入硬胶囊壳中的一种蜂胶产品，具有服用方便、无刺激性气味等优点。该剂型在国外广泛流行。

1. 工艺流程

蜂胶硬胶囊加工工艺流程如下：

蜂胶乙醇提取物→粗粉→按配方加入其他辅料→研磨→混合→填充胶囊→分装→成品→检验→贴标→入库。

2. 操作要点

①将蜂胶乙醇提取物进行冷冻 24 小时，然后进行粗粉，粉碎细度在 1～3 毫米为宜。

②按审定配方加入其余辅料。

③将原料加入研磨设备进行充分粉碎，研磨后粒径应大于150目。

④加入混合机进行混合30～60分钟，保证所有物料混合均匀。

⑤采用自动硬胶囊机进行胶囊填充。

⑥填充完成后进行检验合格后，可以进行装瓶或泡罩包装，然后贴标、喷码、入库。

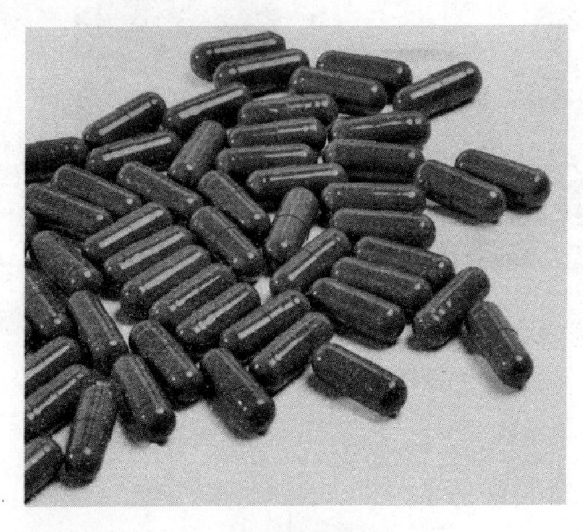

蜂胶硬胶囊
（候帮礼 提供）

三、蜂胶口服液

蜂胶口服液（蜂胶滴露）是标志性的蜂胶产品，是目前国内外主要蜂胶产品之一。蜂胶液用量少，见效快，既可食用，也可外用，具有多种功效、多重功效。市场主要分为乙醇蜂胶液和无醇蜂胶液两类。

1. 乙醇蜂胶液

高品质的蜂胶液用乙醇和水为萃取溶剂，经过渗透、溶解、扩散和分配过程，溶剂渗透溶质（蜂胶），溶解可溶性成分并向外扩散，在溶剂中分配，达到动态平衡。

其工艺流程如下：

提纯蜂胶→冷冻→粉碎→按比例加入食用酒精→溶解→过滤→分装→贴标→成品。

2. 无醇蜂胶液

无醇蜂胶液是专门为对乙醇产生过敏反应的少数消费者或者肝病患者而设计的产品，该产品技术含量较高，市场前景较好。

无醇蜂胶液的生产工艺流程如下：

提纯蜂胶→熔化→加入乳化剂→超声波乳化→配料→混合→分装→贴标→检验→入库。

常用的乳化剂有聚乙二醇400、单硬脂酸甘油酯等。为了得到稳定的蜂胶乳状液最好用超声波乳化器进行乳化。

一般来说，乙醇蜂胶液中蜂胶的成分溶解得比较完全，使用75%的酒精溶出效果较为理想。但是部分人群难以接受酒精的刺激或对酒精过敏；而且乙醇蜂胶液在水中容易漂浮和粘壁，服用时有些不便。当您皮肤破伤，用乙醇蜂胶液要比无醇

蜂胶滴剂

（东莞市养生源蜂业有限公司 提供）

蜂胶液效果好，因为酒精有抑菌作用，对难以接受酒精的人来说，无醇蜂胶液与乙醇蜂胶液相比具有：无刺激，口感较好的特点，由于乳化剂的作用，使其易与水相溶，滴在水里不粘壁，便于服用。

四、蜂胶片剂

蜂胶片剂是早期开发的一种蜂胶产品。片剂的优点在于剂量准确，体积小，携带便利，服用方便，生产效率高，便于储运；利用包衣技术可遮盖不良气味，避免对胃肠道的刺激；物料加工成片剂后，光线、空气、水分、灰尘等因素对其影响很小。

1. 工艺流程

蜂胶片剂的加工工艺流程如下：

赋形剂→蜂胶乙醇提取物→加乙醇溶解→混合→造粒→干燥→整粒→添加润滑剂→混匀→压片→包衣→成品→分装→贴标→成品→入库。

2. 操作要点

①选择赋形剂，赋形剂的选择是最关键的技术环节，由于蜂胶不溶于水，在选择赋形剂时应考虑制成片剂容易崩解，常用的赋形剂有淀粉、磷酸氢钙等。

②造粒：将蜂胶溶液置于不锈钢混合机中，加入淀粉、磷酸氢钙等辅料，充分混合制成湿坯。将湿坯置入造粒机过16目筛网，再将剩余淀粉拌入湿颗粒。

③颗粒干燥：将制好的湿粒置于低温真空干燥机中，在60℃条件下干燥，直至水分降至4%～5%。

④整粒：整粒在制粒机中进行，筛网目数为16目。

⑤压片：加入润滑剂充分混合后置压片机中压片。

⑥包衣：蜂胶素片外观呈黄褐色，感观较差，蜂胶中的活性成分与外界空气、湿气、光线等接触，常引起氧化、潮解、

变色或气味不佳。因此，需对其进行包衣。包衣可选择包糖衣或包薄膜衣，包衣需要多种辅料。

五、蜂胶酒

配置流程：取原料蜂胶 100 克，置于冰箱冷冻 1 小时，取出后立即粉碎成末，投入 500 毫升食用酒精中，浸泡 72 小时，每 8 小时搅拌一次，静置 24 小时，取上清液，重复一次，两次上清液合并，过滤。用低度白酒定容至 5 000 毫升。

使用方法：每天早晚饮用 5～20 毫升，可与蜂蜜、温开水合用；外用时先清洗损伤处，晾干后，直接把蜂胶酒滴上，再用浸蜜的纱布包裹，视情况决定换药时间。

六、蜂胶蜜

蜂胶蜜是用 20％蜂胶酊 2～3 毫升，与 60 克蜂蜜混合均匀即可。在食用时，取少量含在口中 5 分钟，然后慢慢咽下。

蜂胶蜜可以预防和治疗口臭、口腔疾病，呼吸系统和消化系统疾病。

第二节　蜂胶的外用产品

一、蜂胶气雾剂

气雾剂是将蜂胶配制成一定浓度的溶液，分装在能使液体形成气雾状的喷出物的容器中而得。蜂胶气雾剂配方主要包括提纯蜂胶、甘油、乙醇、氟氯烷以及香精。

作为一种外用的消炎喷剂，具有较好的消毒、杀菌和去除口臭功效。可用于皮肤科疾病以及口腔各种黏膜和齿龈疾病、口腔和咽部真菌损害以及促进拔牙后创面愈合。

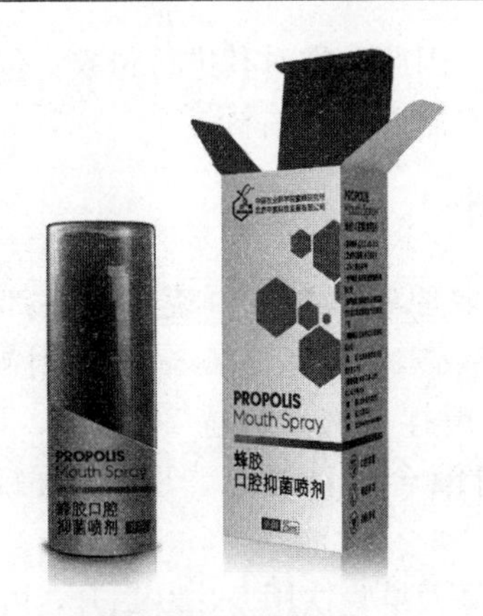

蜂胶口腔喷剂

（北京中蜜科技发展有限公司 提供）

二、蜂胶软膏

蜂胶软膏是将硬脂酸、单甘酯、白凡士林等加热溶解，另将十二烷基硫酸钠、三乙醇胺等加热溶解，二相搅拌混合至一定温度时加入20%蜂胶乙醇溶液，继续搅拌至凝固得5%蜂胶软膏。主要应用于湿疹、手足癣和神经性皮炎。

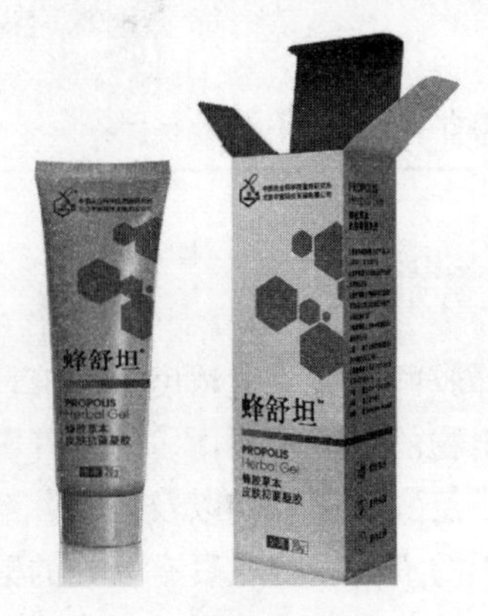

蜂舒坦

（北京中蜜科技发展有限公司 提供）

三、蜂胶养颜膏

蜂胶养颜膏是将2%的蜂胶酊3毫升与10克蜂王浆、5克蜂蜜混合均匀。温水洗面后，取养颜膏2克，均匀涂于脸部，按摩片刻，每日2次。主要用于保持面部红润光泽、有弹性，减少皱纹，对痤疮和黄褐斑有效。

蜂胶嫩白霜
（东莞市养生源蜂业有限公司 提供）

四、蜂胶口腔溃疡膜

蜂胶口腔溃疡膜是蜂胶提取物制成的口腔用药。有抑菌、消炎、止痛、局部麻醉及组织修复作用。

配方：提纯蜂胶5克，维生素A 4万单位，羧甲基纤维素20克，达克罗宁0.5克，95%乙醇适量，甜味剂适量，冰片0.5克。

该产品主要适用于复发性口疮等口腔溃疡。在使用过程中应注意：①有过敏史者慎用；②出现局部红肿、呕吐、恶心者停用。

五、蜂胶泡腾片

外用蜂胶泡腾片通常是指片剂16毫升以上，能迅速与水反应形成澄清透明的溶液的片剂。市场上销售的产品多为泡足片。

该产品配方包含：黄柏、蜂胶、苦参、生大黄、当归、蛇床子等多种中草药提取物、柠檬酸、碳酸氢钠等。

使用方法：将一片泡足片放入2 000毫升的热水中，水温控制在45℃左右，浸泡双脚20分钟。

第三节　蜂胶化妆品及洗涤用品

一、蜂胶护肤霜

（1）配方，见表2。

表2　蜂胶护肤霜配方

成分	含量（%）
羊毛醇	0.5
白蜂蜡	10.0
硼砂	0.5
去离子水	50.5
10%蜂胶油溶液	2.0
香精	适量
防腐剂	适量

（2）产品功效：本护肤霜具有促进腺组织再生、坏死皮剥落、促进表皮更新、使皮肤柔润的功效。

蜂胶修护乳

（东莞市养生源蜂业有限公司　提供）

二、蜂胶洗发香波

（1）配方，见表3。

表3　蜂胶洗发香波配方

成　　分	含量（%）
椰子醇聚氧乙烯醚硫酸钠	10.0
椰子油二乙醇酰胺	2.0
椰子油丙基甜菜碱	5.0
水溶蜂胶	2.0
香精	0.1
防腐剂	0.1
去离子水水	加至100.0

（2）产品功效：减少落发，促进头发生长，并有促进白发逐渐转黑的作用。

三、蜂胶沐浴液

（1）配方，见表4。

表4　蜂胶沐浴液配方

成　　分	含量（%）
椰子醇聚氧乙烯醚硫酸钠	10.5
椰子油二乙醇酰胺	3.0
椰油咪唑啉	5.0
水溶蜂胶	1.0
香精	0.1
防腐剂	0.1
去离子水水	加至100.0

（2）产品功效：对皮肤瘙痒有一定的止痒作用，用后皮肤爽滑、感觉滋润。并可有效地去除腋下及阴部的异味。并对冻

伤部位有促进血液循环、恢复健康的作用。

蜂胶沐浴露
（方小明 提供）

四、蜂胶洗手液

（1）配方，见表5。

表5 蜂胶洗手液配方

成　分	含量（%）
脂肪醇聚氧乙烯醚硫酸钠	5.0
烷基多苷	5.0
烷基丙基甜菜碱	5.0
水溶蜂胶	2.0
香精	0.1
防腐剂	0.1
去离子水	加至100.0

（2）产品功效：具有极好的润肤效果，用后皮肤白嫩、爽滑、舒服。

五、蜂胶牙膏

蜂胶具有广谱抗菌作用，具有一定的镇痛效果，对口腔多种疾患有很好的预防和治疗功效，将其作为制作牙膏的原料，有利于预防和治疗口腔和牙科疾患，有利于口腔和牙齿的保健。

（1）配方，见表6。

表6　蜂胶牙膏配方

成　　分	含量（%）
10%蜂胶乙醇溶液	1.0～2.0
羧甲基纤维素钠	0.9～1.0
十二醇硫酸钠	0.5～1.0
蒸馏水	22.0～23.0
碳酸钙	40.0～41.0
甘油	24.0～25.0
香料	0.5～1.0

（2）产品功效：长期使用可以防治口腔溃疡、牙周炎、牙出血等口腔疾病，并可以预防龋齿、口臭，达到洁齿、保健的功效。

蜂胶牙膏

（北京中蜜科技发展有限公司 提供）

六、蜂胶蜜面膜

2%蜂胶液5毫升与50克蜂蜜混合。温水洗脸后，搽到脸部，并轻轻按摩片刻，30分钟后洗掉，涂上面霜即可。

该产品有滋润养护皮肤，消除皮肤皱纹功效，对痤疮有很好的治疗作用。

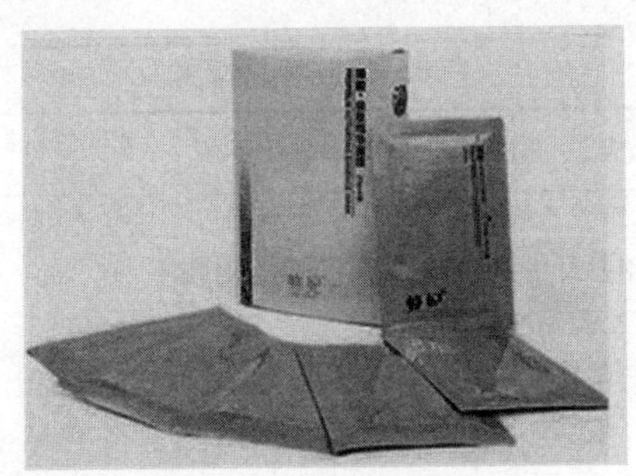

蜂胶面膜
（东莞市养生源蜂业有限公司 提供）

七、蜂胶洗面奶

蜂胶洗面奶除具有洁面柔和，洗后皮肤白嫩、爽滑的特点外，对痤疮有极好的疗效，一般使用5～7天就可见效。并有增白皮肤的效果。

蜂胶洗面奶
（方小明 提供）

八、蜂胶香皂

国内外很多厂家都在生产蜂胶香皂，一般在蜂胶香皂原料中加入1%的蜂胶乙醇提取液（含蜂胶2%）。该产品有清洁、营养皮肤、杀灭病菌和防止皮炎等作用，并对肌肉痉挛等症有较好的疗效。

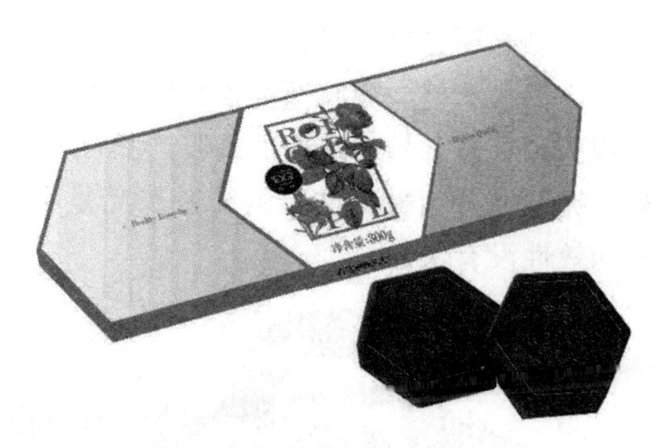

蜂胶香皂
（北京中蜜科技发展有限公司 提供）

第四节　蜂胶产品的选购

蜂胶是风靡世界的新兴保健食品。现在市面上的蜂胶鱼龙混杂，我国蜂胶原料的年产量约 350 吨，而目前全国蜂胶的成品量却早已超过 1 000 吨，可见其中假冒伪劣产品不在少数。中央电视台每周质量报告节目——蜂胶里的秘密（2010.11.21）也曾报道过有部分企业用杨树皮熬胶，以次充好的现象。因此，消费者在购买蜂胶产品时应小心谨慎，避免购买一些质量低劣的蜂胶产品。

由于蜂胶原料不能直接食用，消费者购买的蜂胶一般都是经过加工后的蜂胶产品。蜂胶产品质量的差异可能涉及许多方面，如制作产品的原料、加工技术、设备、工艺、配方以及加工环境等，这些因素都可能对产品的质量带来影响。

一般的普通消费者选购蜂胶产品时可以通过产品外包装的产品信息、感观鉴别以及家庭实验等方法来购买优质产品。

（1）认真查看产品批准文号，再看有无保健食品标记（小蓝帽）。2002 年卫生部（卫法监发〔2002〕51 号）文件将蜂胶列入保健食品原料目录，也就是说蜂胶不属于药食两用的资源品种。蜂胶类产品必须经过申报、获得保健食品批准证书后才能取得合法生产销售资格。蜂胶保健食品的批准文号，原为卫食健字号，现为国食健字号；进口的蜂胶产品，现批准文号为国食进字号。无保健食品批准文号的蜂胶产品是不合法产品，其安全性和功效性没有保证。

保健食品标志

（源自 http：//gouwu. mediav. com/）

（2）注意产品包装功效成分标签，蜂胶的功效成分并非单一的总黄酮，而且并非总黄酮含量越高越好，各个厂家在设计产品配方不可能相同，产品的企业标准也有很大差异，判断蜂胶产品总黄酮含量是否合格，应依据各产品的企业标准和检测报告来判定。特别是初次选购蜂胶时，一定要索要与产品对应的检测报告，没有报告的产品不建议消费者购买。注意产品包装上的原辅料栏，仔细查看是否使用了化学乳化剂，目前优质的蜂胶产品多以食用酒精或优质植物油作为分散剂。用常用食材溶解蜂胶，技术含量高，工艺条件要求严格，产品质量好，安全有保障，功效有保证。

（3）注意生产企业资质，选择信誉高、专业生产蜂胶（拥有高科技提取技术）的大品牌企业，其产品质量稳定可靠，售后服务有保障。正规厂家出售的产品，外包装上都严格按照国家的规定标注，产品名称、净含量、配料、用法及用量、保存方法、保质期、产品标准、批准文号、生产日期、条形码、地址、电话样样俱全。消费者要留意生产企业的厂址、电话、传真、网址等相关信息，以便查询。同时在购买产品时还要仔细查看产品的生产日期和保质期，不要购买过期产品。

（4）市售蜂胶产品，主要分为液体和固体两类产品形态。蜂胶产品剂型不同，产品的加工工艺、感观性状、配方等有很大区别，很难有简单或统一的鉴别方法（本书介绍了蜂胶软胶囊的感观鉴定供消费者参考）。消费者在选购时应根据自己的习惯爱好，选择适合自己的剂型。

（5）蜂胶保健食品的保健功效有：免疫调节、调节血脂、调节血糖、保护胃黏膜、改善睡眠、保护肝脏、抑制肿瘤等。其实蜂胶是具有多种功效的保健食品，蜂胶的基础功效是免疫调节，基本功能是保护胃黏膜，经典功能是养心安神、改善睡眠，代表性功能是调节血糖、改善糖代谢，防治糖尿病及其并发症。蜂胶具有多种功效特点，但具体到某一种蜂胶产品，其配方、工艺、保健功能都有不同，因此不同的消费者要根据自身体质情况，选择具有相应功效的产品。

蜂胶软胶囊

（北京中蜜科技发展公司 提供）

（6）要警惕“低价蜂胶”的陷阱。蜂胶有“紫色黄金”“软黄金”（目前市场上优质提纯蜂胶单价在 2 000 元/千克左右）之称，因此优质蜂胶产品的价格不可能太低，低价蜂胶产品的原料真实性很难保障。

第五节　蜂胶产品的储存

蜂胶是近年来国内外副产品研究和开发的热点。蜂胶的成分复杂，生物学活性多样。自古以来蜂胶被作为一种民间医药广泛使用，近年来的探索表明蜂胶中存在的黄酮类、萜类、酚类等化学成分在其生物活性的发挥上起积极作用。为了更好地发挥蜂胶产品的保健功效，消费者应了解蜂胶产品的保存环境、温度、时间等条件。

一、保存环境

蜂胶产品应放在阴凉干燥、避光处保存。蜂胶液是最常见的产品，由于其中的蜂胶油容易挥发掉，故应在密封条件下保存。同时，紫外线是蜂胶的大敌，蜂胶产品还应放在避光处，不要让日光直接照射，因为萜烯类物质在阳光照射下容易变色，降低其产品效能。

二、保存温度

蜂胶与蜂王浆有显著的区别，蜂王浆中含有许多活性成分，温度对其影响很大，而蜂胶的有效成分比较稳定，含量也很高。无论蜂胶含片、蜂胶软胶囊、还是蜂胶口服液，一般放在阴凉干燥处保存即可，不必放在低温下（如冰箱中）。如果有条件，把蜂胶产品放在低温（冷藏）下保存也无妨。但是，蜂胶软胶囊一定不能在低温下保存，尤其不能冷冻，否则，胶皮会被冻裂，而发生内部有效成分外漏，使产品无法食用。

实验证明，蜂胶中的一些黄酮类物质具有较好的热稳定性，将蜂胶液加入100℃的开水中，其抗菌效果变化不明显。当然，蜂胶中也有一些酶类、维生素等营养物质，会随着温度的升高而逐步遭到破坏。蜂胶中的挥发油有随水蒸气蒸发的特点，如果把蜂胶加入正在沸腾的开水中，时间一长，蜂胶油就会损失。因此，服用蜂胶，水温在50℃以下为宜。

三、保质期

同其他任何产品一样，蜂胶产品能够形成系列化，生产出众多产品。蜂胶具有很强的防腐、抗氧化性，在密封、阴暗处可以长期存放。

对所有食用的产品，包括药品、保健品、食品的保质期或有效期，国家有关单位都有严格的规定。一般蜂胶产品保质期多为2年左右。这个期限并不代表产品的实际有效使用期限，只是在这个期限内，其质量、功效几乎不变。超过这个期限，产品的质量、作用就有可能下降，但并不意味着完全失效。

蜂胶的成分相对比较稳定，密闭的蜂胶液，只要保存条件合适，即使3年后，它的效能也无多大下降。

四、保存器具

蜂胶产品的种类、剂型很多，全世界的蜂胶产品不下100种，盛装蜂胶产品的材料也多种多样。绝大多数的胶囊、片剂等都用塑料包装物，少数用纸质或玻璃材料。盛装蜂胶液的容器主要有两种，一是传统使用的玻璃瓶，二是无毒塑料瓶。

蜂胶提取物可以装在聚丙烯塑料瓶中，但不宜保存在聚乙烯塑料瓶中，因为这种塑料生产时往往加入二乙二醇增塑剂，它很容易溶入蜂胶中。最好找国家医药或卫生部门指定的医用包装品厂生产。这里必须强调的是，包装品的材料不能使用再生料，更不能使用有毒材料。

第四章

蜂胶治病案例

一、蜂胶与糖尿病

靳文成，北京科大退休教师，现年 67 岁，1992 年体检发现有糖尿病。开始他并不在意，依然抽烟喝酒，饮食也不控制。1998 年检查血糖（空腹）高达 24 毫摩尔/升，医生让他赶紧吃药控制，才开始服降糖药，开始血糖降到正常水平，但可能饮食控制不够，血糖好转后没多久，又上去了。2002 年 3 月突发脑血栓半边身体麻木，之后，越来越严重。11 月入冬前卧床不起，情绪十分悲观，整天愁眉不展。就在这个时候，老伴听别的老师说：校医院高大夫擅长用蜂疗治瘫病，于是就请她来诊治，用活蜂蛰治 3 个疗程（45 天），又推荐服用蜂胶软胶囊和鲜王浆。坚持吃了近一年，加上严格注意饮食，也戒烟戒酒，病情有了很大好转。到了 2003 年年底开始能下地拄拐行走，2004 年春能完全下地行走，生活自理。空腹血糖和餐后 2 小时血糖都接近正常值，真庆幸能及时进行蜂疗治病。否则，他的病情将不会好得这么快。

赵先生，今年 66 岁，2002 年中储股份平顶山分公司退休干部。1996 年干部体检时发现血糖偏高，当时空腹血糖是 10.9 毫摩尔/升。由于对糖尿病的知识和病状认识不足，很少关心和留意这方面的问题，也不觉得有什么症状，就没去医院做进一步检查，更没有服用任何降糖药物。2001 年，感觉视力有点模糊、头晕、出汗、心慌、易感冒、有饥饿感，身体消瘦。这时候才去医院检查，医生判定为2型糖尿病的典型症状，需服药治疗。后吃了各种各样的降糖药，从最初便宜的，到后来中档的，到各种广告宣传的新药，可血糖忽高忽低，效果不佳。2004年元月，在朋友的推荐下，认识了蜂胶产品。经朋友耐心、认真地介绍，抱着试试看的态度，他开始服用蜂胶，使用几个月后，血糖逐渐下降，达到了标准线以内，他十分高兴，感到蜂胶太神了。从此，增强了对蜂胶继续服用的信心。从2004年至今，已有5年的时间了，赵先生从未间断服用蜂胶，并配以少量的降糖药，血糖始终保持稳定，目前空腹血糖控制在6.0毫摩尔/升以下，并发症大量减少或消失，身体健康了，精神愉快了，体力增强了，感到全身都有劲了，独自骑自行车往返50多千米都不觉得累。

张先生，52岁，北京某大学的体育教师。一天，不小心碰破了脚趾，当时并未在意。一个月后，这个伤口一直未好，而且发现小趾在发黑，心里甚感奇怪和担心。于是到北京一家很有名的医院检查，结果被诊断为糖尿病，脚已形成坏疽，需要截肢。这个结果简直是晴天霹雳，作为体育教师，他不同意截肢，医生只能为他尽力治疗，可是，治了6个多月，脚不但没好，反而进一步恶化，医生告诉他只有截肢，否则性命难保。这时，他的一位朋友给他送来了“蜂胶胶囊”和“蜂胶液”，建议试一试。征得医生同意后，便开始用蜂胶进行治疗。他每天服用蜂胶胶囊，并每天在患处涂抹一次蜂胶液。5天以后，医生发现坏疽已得到控制，并有新的肉芽开始生长，医生甚感惊奇。连续治疗一个月后，不但坏疽得到控制，而且血糖也由起初的15.4毫摩尔/升下降到了6.2毫摩尔/升。

约翰先生，60岁，英国一位地毯商，有家族糖尿病史，一家人有4个糖尿病患者，他的哥哥前些年不幸死于糖尿病的并发症，所以尽管生意做得很大，但是，久治不愈的糖尿病一直是约翰先生的一个忧虑。所幸的是，北京分公司有个女职员利用出国培训之机，带了一些蜂胶胶囊送给他，没想到吃了半年，效果出奇的好，血糖指标几乎降到了正常的水平。

曲先生，72岁，退休干部，是一位糖尿病患者，因并发肾炎而全身浮肿。在北京数家医院进行过治疗，浮肿一直未消。后听说蜂胶产品对糖尿病有很好的治疗作用，就抱着试一试的心理买了两瓶。服用十余天后，多饮，多尿症状完全消除，空腹血糖从9.4毫摩尔/升恢复到6.2毫摩尔/升，心中十分高兴。随后又购买了10瓶，服用9周后，甘油三酯也从3.01毫摩尔/升下降到1.87毫摩尔/升，而且更为奇特的是曲先生久治不愈的浮肿不知不觉地消失了。

吴女士，62岁，退休老师，有十余年糖尿病史，虽然血糖控制得比较好，但是视力下降明显，几个月就要换一副眼镜。而且，口腔也时常发炎，为此，先后拔掉了四颗牙齿。还经常觉得非常疲劳，心中十分苦恼。后来，听朋友说蜂胶对降糖有效，托朋友买了几瓶试试。服用一段时间后，口腔炎症明显改善，体力恢复较好，视力也不再下降。同时，手上的老年斑也开始变淡，气色好了很多，心情愉悦。

二、蜂胶与癌症

李文杰，内蒙古赤峰人，2005年6月18日被查出患宫颈癌IIB。6月23日开始放疗，做一个疗程。放疗期间反应强烈，吃不下饭，睡不好觉，每天排便七八次，大便干燥，严重时便血，体力消耗严重，医生说已无法治愈。在赤峰晨报记者陈秀俊的帮助下，开始接触蜂产品，就此一边吃蜂胶，一边开始第二疗程的放疗。第一次放疗剂量4 000Gy，陈文杰的后腰及腚沟皮肤出现焦黑，钻心刺痒，皮肤一层一层的腐烂，那滋味真是难受，天天洗，上药。第二次放疗剂量7 600Gy，因为当时坚持服用蜂胶，所以接受放疗的身体部位再也没有出现腐烂烧焦的皮肤，也不刺痒，大便正常，饭量增加，睡眠质量显著提高。因为经济原因，第二次放疗后，便停止了其他治疗，单纯服用蜂胶，由每天的4粒增加到8粒，增加量后身体每天都起几个大包，并能挤出黄水。一个月后，再次做检查出现了奇迹，患者的病灶由5.3毫米×5.2毫米缩小到2.0毫米×2.2毫米，肝脏、胆囊、脾脏、胰腺、双肾和膀胱都正常，病灶已出现纤维化，身上的癌细胞已失活，连主治医生都十分惊讶。

张允生，钢铁厂总经理，原先身体很好，常喝酒，酒量也很大，而且不吃水果。2003年6月，一次宴请客人后，突发右上腹不适，整夜疼痛，第二天到县医院就诊，发现肝脏左叶上有1.5厘米的肿瘤，初步诊断为继发性肝癌，一星期后到吉林省人民医院复检，确诊为早期肝癌，立即住院，并开始做化疗，服用进口抗肿瘤药，花钱不少，4个疗程后复查，肿瘤不但没有缩小，反而长大，而且人消瘦了不少，全家人都替他担心和恐慌，医生建议做手术，但家人咨询了一位名中医后，决定暂不做手术，采取保守疗法，先吃中药，回家后听朋友介绍，又大量服用蜂胶液和孢子粉，10天后觉得恶心、厌食症状减轻，20天后食欲大大好转，右上腹肚疼感减轻。3个月后，先到县医院检查，结果肿瘤缩小了，家里人都半信半疑，11月3日去长春复查，诊断结果肿瘤确定缩小，全家人都很高兴，回来后，每天坚持吃3次蜂胶和孢子粉，又配上一些补气补血的中药，半年后自觉症状大幅好转，一年后再到长春复查，各项指标均正常，肿瘤也基本消失了，全家人为之欣慰，2004年11月已正常上班工作。

孙会来，身体一直很好，之前从未去过医院做体检，直到2004年4月份体检，医院告诉他的家人说肝部长了一个肿瘤，家人瞒着说是乙肝（其实是恶性肿瘤），又带他去北京肿瘤医院做了进一步检查，检查结果一致。他虽然被蒙在鼓里，但这一切情况使他感觉得的不是小病。医院动员他手术，他坚决不做。经家人多方打听，得知山东淄博万杰医院的光子刀可以治疗，在接受光子刀治疗后，又服用了半年的化瘤康，服用期间反应强烈，胃特别难受，配着胃药，还是觉得不舒服，吃不下饭。后来开始认识了蜂胶，在网上查询一些资料后，便开始服用蜂胶、蜂蜜、蜂王浆和花粉，在保健量的基础上加大量服用，直到现在已经两年了，6月份检查肝瘤已被控制，各项指标正常，特别是转氨酶正常。服用期间浑身有劲，抵抗力也增强了。

王先生，工人出身，最自豪的就是天生身体好，说来别人不信，打记事起就几乎没有吃过一片药，工作了36年没旷过半天工，可万没想到要么不得病，一得病就是绝症。2005年11月月底，由于鼻子塞，去医院治疗，被确诊为鼻咽癌，当时没敢耽搁，立刻到肿瘤医院医治。在医生的精心治疗及自己的积极配合下，幸运度过了放、化疗过程。在2006的5月9日一次偶然的机会，他听了关于中国农业科学院蜜蜂研究所生产的蜂产品的介绍，为了健康长寿，他决定吃些保健品，应该对老年人的身体有一定的帮助。从前他晚上睡觉鼻塞，靠嘴呼吸，这是他几年来最大的困扰和痛苦，但服用蜂胶3个月后，让他最振奋的是，鼻子通气了，呼吸和正常人一样了。服用到5个月的时候，他的精神、睡眠和正常人一样。所以他想是吃对了保健品，当时还感动得流下眼泪，真是创造了一次奇迹。

张女士，退休工人。她的颈部左右两侧有好多大小不等的纤维瘤，低头左侧腭下及锁骨以下有花生米大小的肿块，兹伴有疼痛，右侧腭下也有花生米大小的一粒肿块同样伴有疼痛。在没服蜂胶前，她睡眠不好，爱多思多想。2007年2月7日她购买了蜂胶，当晚就开始空腹服下。大约一个月后，她感觉低头时颈部及锁骨间的肿块不痛了。同时，走路时双脚感觉很轻松，双肩包一背精神很爽，走路飞快，路上碰到老朋友都说她人是瘦了点，但精神很好。2002 年 7 月 9 日在长海医院做了同位素扫描，2003 年 4 月 12 日，她又做了一次同位素扫描，用了同样的核素和剂量，与上一次相比，双侧甲状腺控制在原来的范围内没有扩大及不良的发展。她感觉服了蜂胶后，增强了抵抗力和免疫力。与此同时，她右眉毛上有一块深褐色的色斑，在服用蜂胶 3 个月后也淡了不少。

北京中宏公司的董崇河，1993 年秋突然感觉胃部不适，经北京第三人民医院确诊为进展期胃癌，只好接受手术治疗，主刀大夫打开腹腔一看，坏了，癌细胞已经转移到淋巴结、胰腺和肺部。无奈之下，大夫为他留下了 30%的胃，其余部分给切除了，医生断言他的生命最多只有 2 个多月时间。没想到，韧劲特大的老董，治疗癌症的决心从没动摇过，几经辗转，开始服用蜂胶，在放化疗期间进食艰难的情况下也从未间断。结果明显减轻了痛苦，增强了放疗、化疗效果。老董坚持吃蜂胶 4 年，走路步履矫健，红光满面，使癌症晚期的他重获新生。

张先生，54 岁，某企业总经理。1995 年 6 月被确诊为肝癌晚期，医生判断他最多只能存活 2 个月。为了死里求生，他只好默默地忍受着化疗带来的各种痛苦，但病情还是一天天地恶化。有一天，一位朋友给他送来了一瓶蜂胶胶囊，并劝其试着服用。但他在化疗时开始服用蜂胶，刚开始服三四粒，之后增加到每日 10 粒，几天后，食欲明显增加，精神好转，疼痛逐步减轻。两个月后，病情大为好转，不再恶化，而且各项检查都没有问题。

西安一建筑承包商老南，1992 年检查出患鼻癌，当时急坏了。后经友人介绍，老南一开始就对蜂胶表现出极大的热情，一下就买了 6 000 毫升蜂胶液，每天服用 90 毫升（其实不必要这么大剂量），如此大剂量坚持服用了 3 个月，老南到医院复查时，鼻腔中癌细胞竟然不见了，负责为他治疗的老医生无法相信这个奇迹，专门向蜂疗专家询问了解到蜂胶治疗癌症的机理后，才心悦诚服，并建议他的其他癌症患者也服用蜂胶。

日本的伊藤先生回忆到，在他的医院里有一个身患重症白血病的小男孩，入院时他的皮肤呈土色，不能自由活动，离开他母亲的陪护，他什么也不能做。在此之前，为了治疗白血病，几乎跑遍了各地有名的医院，能用的药都用了，但病情毫无起色。后来，他的母亲听说了蜂胶的好处，就带着他来到伊藤先生的医院接受治疗。刚开始，用较小剂量的蜂胶胶囊给他治疗，3个月后，他的脸色明显好转，食欲也恢复了。此后，用较大的剂量再治疗了3个月，他的脸色越来越红润，手脚也能自由活动了。这个结果令原来为他治疗的医生啧啧称奇。

刘先生，41岁，于2005年7月做了结肠癌手术，术后静滴5-氟尿嘧啶等化疗药物，副作用大，即出现恶心、呕吐、腹痛难忍、周围静脉炎等，无法坚持化疗，后用蜂胶酊10滴加蜂王浆10克温开水送服，一日一次，3天后不适症状缓解。之后加至一日两次，连服半年后，患者精神好，饮食佳，嘱其停服。次年重复服用3个月，效果良好，以后每年患者遵嘱服用3个月且一直从事体力劳动，至今身体无任何不适，复查各脏器无复发及转移。

夏先生，68岁，患有贲门癌，经手术治疗后，体质差，无法承受化疗药物的副作用而放弃化疗，后从朋友处得知蜂胶具有抗癌作用，便开始尝试服用蜂胶产品。刚开始服用蜂胶酊每次1～2滴，一日两次，几天后，食欲有所增加，精神较前好转。之后逐渐加量至每次5滴，一日3次，坚持服用3个月后，精神、饮食好，可做一些轻体力活，未受任何病痛的折磨，生命延续了2年零7个月。

王女士，45岁，2011年乳腺癌根治术后，因农村家中无多余人力陪同住院照顾，故而主动放弃化疗，经一位蜂农朋友介绍服用蜂产品可防病治病，用蜂胶酊 5 滴混入 20 毫升温开水中口服，至今身体状况好，且能从事轻体力劳动。

米先生，66 岁，胃癌患者，于 2007 年 5 月做了手术，术后定期进行化疗。治疗了两个疗程后，患者出现头晕、乏力、双下肢疼痛等不适，先给其口服蜂王浆 5 克，一日两次，一周后症状减轻、食欲增加后，改服鲜蜂胶。将鲜蜂胶揉成小丸一次 3 丸，适量白酒浸泡半日后温开水送服，一个月后不适症状消失后停服。此后，患者每年服用蜂胶酊 3 个月，现在已手术后 4 年两个月，精神好、饮食正常，生活自理，效果稳定，复查无远处脏器转移。

孟先生，55 岁，肾癌（左侧）患者，手术后因肾癌对化疗药物不敏感，加之化疗药物的费用昂贵，便开始服用蜂胶，术后每日服用蜂胶酊两滴加蜂王浆 5 克舌下含服，早晚各一次，3 天后，患者精神明显好转、饮食适量无不适，下床活动自如，10 天出院。与未服蜂产品的患者比较，孟某术后恢复情况良好。

三、蜂胶与心脏疾病

简世楷，男，现年 76 岁，富顺县畜牧局退休干部。因工作关系压力较大，对保健未引起足够的重视。2000 年时他就发现胸紧、胸累、胸部间歇有点微痛，头晕脑胀，几次上厕所右脚发软，差点倒下，但并未引起他的重视，错误认为无关大局，过段时间就会好的。2002 年时他突然心绞痛，汗滴如雨，急送富顺县医院抢救，病危通知了 4 次，后转入成都华西医院确诊为“冠心病”。通过“造影”发现左冠状动脉堵塞 96%，立即安放“支架”，转危为安。医药费花去 6.4 万余元，而且身受痛苦，差点丧命。沉痛的教训，使他深深认识到平时保健的重要性。要保健，首先要选好保健品，通过网上及市场比较，他最终选了中国农业科学院蜜蜂研究所研制的蜂胶软胶囊和蜂王浆组合产品。因此，从2002年开始，他一直坚持服用蜂胶软胶囊、蜂王浆。最初是按保健量，早、晚各一次，每次蜂胶软胶囊一粒。3个月后日服两次、每次两粒。他坚持服用数年，从未间断，效果明显增加，疗效极为显著，现胸部不紧、不痛、不累了，大便正常，肠胃舒畅，感冒很少，头痛减轻，现年76岁身体仍非常健壮。

刘先生，2005年7月，因经常失眠，感觉心悸、心律不齐，有时会突发心跳加速，就像心要跳出来一样非常难受，于是去上海医院求诊。经心电图检查无明显异常，于是再做24小时动态心电图检查，诊断结果为窦性心律，服丹参片。到2006年9月，心跳、心悸的毛病又犯了，期间时有发生，但感到病情加重了，就再去医院做动态心电图检查。诊出：①窦性心律；②偶发房早；③频发室早。在这一段时间里一直服用：盐酸普罗帕酮片。后来又服用心舒片、心源素、心邦胶囊等，但都效果欠佳。2007年2月，听朋友介绍说蜂产品能改善睡眠，辅助治疗心脏病，增强免疫力。怀着试试看的想法，第一次购买了蜂胶并服用。每天坚持按时定量服用蜂胶，一周后睡眠有些改善，觉得能睡着了，能安稳睡觉了。服用蜂胶以前，看电视看到很晚，想睡但就是睡不好，翻来覆去浅睡眠。服了半个月蜂胶后，情况有明显改善，晚上看着电视，就呼呼地入睡了，一睡到天亮；原来晚上睡觉时易醒，一有什么响声就醒，服用了近5个月后，现在好多了，心律不齐也没发现过，人也长胖了5斤，血色气色比以前好多了。

童先生，退休干部。1998年10月16日，因患病住进了山东省立医院，后经该院核磁共振检查确诊为“多发性脑梗塞”。住院56天虽经大夫全面抢救保住了生命，但留下严重的后遗症，失语、喷嚏、四肢活动失灵、头晕、站立不稳等症状严重困扰着他的生活，而且处处需人照料，还一度产生了一死了之的想法。由于心脑血管病已严重破坏了他自身的免疫力，年年都要感冒几次。后来经病友介绍，自 2005 年开始服用蜂胶软胶囊，连续服用 3 个月后，头不晕了，双腿有力了，血压也由以前的 200/100 毫米汞柱降至 130/90 毫米汞柱，并能自行去公园活动了。目前，他已坚持服用蜂胶 4 年之久，也深深体会到服用蜂胶的时间越长效果越好。他从失语到已张口说话，从严重脑血管后遗症的阴影中解脱出来，且 4 年中从未患过感冒。是蜂胶将他从濒临死亡的境地中解救出来，使他鼓起勇气重新扬起生活风帆勇往直前。

四、蜂胶与高血压

方森林，退伍军人，今年 73 岁。退伍后一直留在部队做后勤工作，由于年轻时不爱护身体，也没有保健意识，退休以后各种毛病都来了。到医院一检查，患有高血压、心率失常、心跳过慢、糜烂性胃炎、严重膝关节骨刺等病，肠胃毛病也很严重。由于这病那病大小医院跑得很多，钱也花了不少，关键是花了钱，毛病没有好转。为了健康考虑，2007 年 6 月 9 日他买了一套蜂胶礼盒后，早晚各服用两粒。服用了一个星期后，他的血压就有下降，服用一个月后，血压有明显下降并且比较稳定，同时肠胃疾病和关节炎也有好转。在服用 4 个月时，令他高兴的是，过去经常性的伤风感冒在服用蜂胶期间一次也没有。在他服用蜂胶的同时老伴也跟着一起服用。老伴原来身体状况也很差，长期有低血压症，血压只有 90/60 毫米汞柱，在服用蜂胶 4 个月后，血压提高至 120/75 毫米汞柱，精神也比以前好多了，人也不感觉疲劳了。自从服用蜂胶以来，他们的免疫功能都提高了，也没有到医院去看过病。从医保卡的记录看，2002 年看门诊 6 次，2003 年 20 次，2004 年 17 次，2005 年 20 次，2006 年 23 次。但从 2007 年到现在两人从没有到医院看过一次病。另外，几十年的灰指甲也是用蜂胶液给治好的。服用蜂胶一年以来，老两口身体一天比一天好。一年来没有到医院去看过一次门诊，这是从来都没有过的大好事。

张静华，中学老师，家住北京市东直门，退休前患高血压病，经常头晕。常吃北京降压0号控制，退休后在家无事可做，倍感寂寞、无聊，病情逐渐加重，吃药也不怎么管用。2004年10月，出现右腿轻微麻木、震颤等中风症状，去东直门医院内科看了多次，不见好转，心里十分焦虑。后来看了《神奇蜂胶疗法》一书，书中说蜂胶是血管清道夫，对治疗高血压、高血脂有较好的效果，她就到附近的超市买了蜂胶胶囊和蜂王浆胶囊，每天吃4粒蜂胶、4粒蜂王浆，早晚各服一次。吃了3个月（别的西药都停了）后，右腿右手的麻木震颤感逐渐消失了。半年后检查血压、血脂，两项指标也大幅下降，医生都感到惊讶！

胡女士，农场退休职工。多年来起早贪黑辛勤劳作，为抚育儿女又费尽心血，落下一身病，患有高血压，常感腰酸、腿疼。有时看电视剧过于紧张也会出现血压增高的现象，所以感到十分苦恼！为了医治高血压，除在饮食上始终保持清淡外，老伴买来珍珠降压片，和被人们称为神药的“八一堂脑心安胶囊”，可是服用效果始终不理想。今年春节，女儿听说同事的母亲服用中国农业科学院蜜蜂研究所生产的蜂胶软胶囊，效果不错，因此也从北京带回6盒，并嘱咐母亲按照说明坚持服用。吃完3盒后，确实有效，服用后母亲血压比较稳定，睡眠也好，精气神也比以前强多了。坚持服用半年后，不仅收缩压能保持140毫米汞柱左右，而且身体感到轻松；亲朋好友都看到实在的变化。

孔女士，38岁那年开始就有血压高的情况，而且血压一直不太稳定，波动比较大。那个时候年纪轻，一直没在意，医生给她开的药也不坚持服用。46岁的时候，由于血压太高（200/120毫米汞柱），只能办病退。之后，血压虽然下降了点，但是身体一直不太好。直到老伴去世，身体情况开始恶化，身体感觉越来越不好，血糖也高（8.9毫摩尔/升），就去社区卫生院治疗。在治疗期间开始了解蜂胶产品。服用后1个月血糖就降了下来（6.5毫摩尔/升）。又过了两周，血压也降了下来，一直都维持在150/80毫米汞柱。现在，她的精神很好，总和大家去旅游，每座山都能爬上去，也不气喘，部分头发也由白变黑了，大拇脚趾头的灰指甲也在不知不觉中消失了。

陈先生，69岁，浙江人，1994年听浙江大学陈盛禄教授介绍了蜂胶对人体健康的诸多好处后，他就每天坚持食用蜂胶液。同年他又向患有高血压的好友毛帮海（70岁）和毛小华（82岁）推荐蜂胶液，并免费供他们食用，不久两位老人的高血压竟然恢复了正常。两位老人坚持服用了11年蜂胶液，服用期间他们都非常健康。

五、蜂胶与胃病

王女士，52岁，机关干部，更年期后，患胃炎等病，多年来吃了不少止痛药。可是，药吃久了也就不怎么有效了。后来，听朋友说了蜂胶的事，抱着祛病强身的目的，开始服用蜂胶。几个月后，胃部不适的感觉没有了，胃口也正常了，长期困扰的头疼在不吃药时也不疼了。在服用蜂胶一段时间后，王女士的肌肤光滑红润，没有疲劳感，看起来比从前年轻了十多岁。

张女士，退休工人。2003年9月17日，张女士的胃贲门区发现有0.6厘米×0.6厘米的息肉。长海医院建议住院手术治疗。后来，又到公立医院做了胃镜检查，当场把息肉摘除了，全程花了27分钟时间，而一般人做胃镜一般只需3～5分钟，说明她息肉部位处于很难处理的地方。这之后很长时间都觉得吃了东西胃不舒服，也不能多吃一口；但自从吃了蜂胶后，觉得可以逐渐多吃一点东西了，硬些的食物吃了也没觉得不舒服。这都要归功于蜂胶产品增强抵抗力和调节免疫力的作用。

张女士，21岁，农民。患胃溃疡十余年，曾服甲氰咪呱、硫糖铝等药治疗，症状减轻，但停药后症状即加重，故就诊。胃镜检查见胃角处1.5厘米×1.5厘米，用蜂胶胶囊治疗两个疗程，溃疡完全愈合。

李先生，41岁，工人，因反复上腹痛十余年，加重5天后就诊。做胃镜检查见十二指肠球前壁1.0厘米×1.0厘米溃疡，表面盖有白苔，周围黏膜充血、糜烂。服蜂胶胶囊治疗一个疗程，胃镜检查溃疡已完全愈合。

六、蜂胶与乙肝

武汉市陆先生，是一家大宾馆的摄影师，有个美好的家庭，但1995年患了乙型肝炎。他是一个自尊心很强的人，不希望别人知道他的病，只好私下里到处求医问药，在几年中，为了家人的健康，每次吃饭他都要找出各种各样的理由避免与家人在一起，久而久之，引起了家人的极度误解，一个美好的家庭眼看就要分崩离异。正在这时，长年注意收集治疗信息的他，从有关资料上看到了蜂胶可治乙肝的消息，但由于此前经历过无数次失败的治疗，开始他对蜂胶治疗也没有信心，可是吃了一个疗程后病情有了明显的好转。继续服用一段时间后，肝脏指标已接近正常指数。此后仍继续服用蜂胶，以巩固疗效，并与家人同桌吃饭了。

国内外医学专家对蜂胶治疗乙型肝炎进行过很多基础和临床应用研究，证明蜂胶对乙型肝炎有良好疗效，日本医学博士山本伦大提出，服用蜂胶不仅能使乙肝转阴，而且也能使丙肝转阴，同时对肝硬化也有很好的治疗作用。

中国农业科学院蜜蜂研究所蜂胶攻关项目组与北京数家医

院进行了大量的临床观察研究，结果表明：乙型肝炎患者采用蜂胶治疗，同时再配合大剂量服用蜂王浆（每日 20 克），大多数患者在短期内取得了很好的疗效。

七、蜂胶与高血脂

李先生，75 岁，退休干部。长期以来，血液黏稠、血脂高，整天昏昏沉沉的，干什么都觉得很累。晚上睡觉时腿还抽筋，老伴也睡不好觉。有一年春节刚过，女儿领他到中山医院做了一次全面的身体检查。体检抽血的时候，血液难以流出，而且抽出来的血几乎是黑色的，结果各项指标均不合格，本来身体就不好，这次体检更让他受到了很大的打击。今年 6 月份，他开始抱着试试看的态度服用蜂胶，第一次买了一个周期的蜂胶，从小剂量开始服用，在咨询医师的指导下，逐渐加大用量，慢慢地他的身体就发生了一些欣喜的变化，原来每天昏昏沉沉的脑袋渐渐变得清醒起来，每天也不像以前那样干什么都觉得累了。而且晚上睡觉腿也不抽筋了，女儿也发现他和以前不一样了，就又去医院检查。这一次复查，血脂等各项指标均达到了正常水平，血液的颜色也恢复了正常，而这仅仅是服用蜂胶不到一个周期的效果。蜂胶让他重新对自己的健康有了信心，更意外的是，他的胆囊炎从吃蜂胶开始到现在一直都没有复发过，另外，感冒的老毛病一次都不见了。蜂胶真是让他受益匪浅。

八、蜂胶与结石

陈先生，退休干部，从小体质较差，家庭经济也很困难，没什么营养补充，加之又逢国家三年自然灾害，更是吃不饱、穿不暖，每天都是饥一顿饱一顿的。好在他本人能吃苦，坚持锻炼身体，游泳、长跑、跳高、乒乓球等，什么体育活动都参加，身体渐渐强壮起来。后来忙于工作和家庭，从没考虑过怎样保养自己，患上了胆囊炎、胆结石、哮喘病、胃肠道消化不良等病。他到处求医买药，试尽了各种药方，可还是不见有什么好转，只能治表，不能治本，所以还是经常生病。2007年3月20日，他买了中国农科院的蜂胶胶囊，服用了半个月后就明显见效了，感觉精神好、睡眠好、胃口也好了。服用蜂胶3个月（2007年6月5日）时，他去附近医院做了超声检查报告，结果真是出乎意料，原来胆结石有30毫米×16毫米大，现在是18毫米×13毫米，已经小了很多，而且哮喘病也好了许多，真是令人高兴！

陈先生，46岁，副研究员，几年前，他因肩膀疼、小便困难，去医院检查，发现尿道中有结石，虽经多方治疗，仍未痊愈，而且要经常服用阿司匹林减少疼痛。服用蜂胶几个月后，多年的肩膀疼消失了，再也不用服阿司匹林，身体感觉非常好。他到医院检查后发现，原来的结石没有了，实在令人高兴。

九、蜂胶与美容

雷小姐，23岁，出纳员，她原本是一位漂亮的女孩，但上高中后，脸上开始长粉刺，根本不想见人。后来朋友给介绍了多种治疗方法，但脸上的粉刺一直没有消退，包括到医院用抗组织毒剂来治疗，也没有效果。后来一位好友告诉她，蜂胶可以排除体内毒素，没准对她会有所帮助，并且给她带了蜂胶产品。饱受病痛折磨的她，决定先试试看效果。服用方法：每天饭前，调一杯蜂蜜羹，滴入15滴蜂胶液，充分搅拌，然后加入温开水，搅拌后服下；每天洗脸时，先用香皂将脸洗净，再用加有10滴蜂胶液的温水洗一次，3天后，脸上的粉刺明显收敛，一周后，脸色开始转好，一个月后，满脸粉刺变成了润泽的肌肤。

郑小姐，26岁，公司职员。一年前，她的脸上因皮炎留下了难看的疤痕，严重影响了自己的形象。后经朋友介绍，她开始使用自制的蜂胶化妆品。使用方法：每天早晨，将脸洗净后，涂抹面霜时加入1～2滴蜂胶液，混合后均匀涂于脸部。现在，脸上的斑痕早已褪去，心里十分高兴，又恢复了往日的自信。

十、蜂胶与感冒

李女士，53岁，大学教授。她的身体素质比较差，气候稍微变化，就易患感冒，而且感冒持续时间长，浑身难受。后来得知蜂胶产品可以调节免疫，有效预防感冒，就托朋友买了几瓶。服用一年多来，很少再得感冒，而且气色变好了，体质也增强了。

十一、蜂胶与灰指甲

张女士，57岁，机关干部。7年前，她的大拇指和食指指甲开始发炎变灰、变黑，到医院检查才知道得了灰指甲。按照医生的嘱咐，使用“甲癣1号”治疗了好几年，并未治愈，心中十分烦恼。后来，从朋友处听说服用蜂胶会有效果，抱着试试看的心理买了几瓶。每天在指甲上涂抹2～3次，同时口服15滴蜂胶，没想到，只用了5瓶，就治愈了长期困扰她的灰指甲，解除了她多年的苦恼。

十二、蜂胶与外伤

刘女士，36岁，营业员。她做饭时不小心被菜刀切到了手，鲜血直流，紧急情况下，她想起了朋友送的蜂胶液。在伤口处滴了几滴蜂胶液后，很快止住了疼痛，血也不再流了。几天后揭开纱布，发现伤口痊愈了。

十三、蜂胶与甲状腺囊肿

张女士，42岁，机关干部。她在体检时发现甲状腺有一个红枣大小的囊肿，经多方治疗，不见好转，心中十分着急，总怕进一步发展。后经朋友介绍说蜂胶杀菌、消炎效果不错，而且对息肉、肿瘤的疗效也挺好。她抱着试试看的心理开始服用蜂胶液，没想到，1瓶还没有喝完，囊肿就小了好多，喝到第3瓶时囊肿就非常小了。

十四、蜂胶与失眠

冯女士，退休干部。30年前生小儿子的时候，由于没有注意调理，营养不均衡，导致内分泌发生紊乱，落下了病根，经常失眠，整夜睡不着觉。安眠药从半片加到一片，又加到了两片……除此之外，她的便秘也非常严重，试过很多治疗便秘的东西，效果都令人失望。2007年初，经朋友介绍后认识了蜂胶产品，一开始还不相信，便抱着试试看的想法买了一套蜂胶产品。服用一个月后，明显感觉精神好了很多，安眠药也不吃了，大便也通畅了，两个月后，姐妹们都说她跟以前不一样了！

十五、蜂胶与其他疾病

高女士，退休工人，70多岁。随着年龄的增长，体内的各种器官也随之老化，特别是近几年来，神经衰弱、长期失眠、消化功能不好。虽常去医院求医吃药，但效果不好。用过很多保健品，耗费巨大，但效果却都并不理想。后来她听了蜂胶产品讲座，了解了蜂胶能促进人体各种器官的调节作用、提高人体免疫力、促进人生健康等。但由于没有真正的感性知识，因此还是对产品抱有怀疑的态度。后来小区的魏阿姨吃了蜂胶一个多月后睡眠好了，心脏早搏也有好转，精神面色比过去好了。在家人的支持鼓励下，她购买了一份蜂胶，吃完4瓶后已初见成效，睡眠好多了，精神状态也好了。原来上四楼很吃力，现在脚步很轻，一口气直上四楼；大便基本正常，很有规律。

沈女士，70多岁了，因患有脉管炎，右脚踝溃烂已有十多年了。溃烂的伤口直径有6～8厘米，常年无法愈合；伤口肿大、出水，先后在虹口区中心医院、第二人民医院等脉管炎专科门诊治疗，也看过别人介绍的医生，一直没有好转，且医生们都建议她进行截肢手术。所以，后来她就干脆拒绝治疗，脚踝肿得比小腿还粗，走路一瘸一拐的。后来，她听人介绍蜂胶产品有神奇疗效，便买了一个服用周期的产品，服用后一个月左右她的脚就开始消肿了，出水也变少了，伤口也开始愈合。服用了7个月左右，伤口只有指甲那么大小了，血糖也正常了，人也精神了，脚就算用力蹬也不痛了。因为蜂产品是天然的营养品，她的家人和子女也跟着一起服用。服用了蜂产品以后，家人也很少感冒，免疫力也增强了不少。

刘女士，2005年中耳感染，因大夫错诊拖延了治疗时间，使其内耳的前庭功能部分丧失，听小骨、面神经都受到影响。虽然后来手术很成功，但是一侧听力丧失，面神经麻痹，走路歪歪斜斜老往右边歪，而且经常眩晕。她担心这种状态会给家人带来麻烦，所以终日忧心忡忡。家里虽有各种保健品，由于血脂高，也不敢乱服用。由于术后常吃止疼药对神经不好，吃抗生素类药物更怕引起其他病症，再加上她总是胡思乱想，弄得自己吃不好睡不香，人也瘦了，163厘米的身高，体重只有不到50千克。一天来探望的一位朋友，送来了一瓶进口蜂胶，并拿来一本介绍蜂产品的书籍，她认真阅读了几遍，觉得蜂胶、蜂王浆和花粉是最合适的保健品，就一次买了2 000多元的蜂产品。从此，蜂胶每日3次，每次两粒，同时，早晚空腹服用两次王浆，早上花粉、蜂蜜冲温水喝一次，半月过去她的睡眠好多了，耳痛也有所减轻。一个多月后耳朵就不疼了，还敢吃鸡鸭鱼肉了，人也慢慢精神起来，面神经和走步歪斜的毛病也好了。她坚持服用蜂胶和蜂王浆3年，几乎没有再得什么病，免疫力也提高了，血脂也基本上正常了，感冒都极少。

姚女士，55岁，中学教师。她们全家人几乎把蜂胶当成了“万能药”，腹泻时用蜂胶，有脚气时用蜂胶，有炎症时用蜂胶，美容时用蜂胶，牙疼、牙周炎、口腔溃疡、嗓子发炎等都用蜂胶，非常好用。每次出差，身上总要带上1瓶蜂胶，生小病时，就不用再去看医生了。

王先生，42岁，公司总经理。工作十分繁忙，平时也不注重保健，疲劳、疾病开始影响他的健康，很多时候都感到有些力不从心。在经历了一场大病后，他开始服用蜂胶，不但虚弱的身体很快得到了康复，以前很多不适的现象也已不复存在，体力充沛，精神十足。

张女士，47岁，副研究员。一年前，她因乳腺癌做了乳腺切除手术，再加上放疗、化疗，体质越来越差，十分苦恼。在服用蜂胶以后，体质逐步改善，白细胞已恢复到5.8×10^{9}个/升，身体状况越来越好。

第五章 蜂胶的常见问题解答

蜂胶产品近年来正以迅猛速度风靡大江南北，越来越受到人们的欢迎，但国内消费者对蜂胶产品的认识尚不够深，笔者整理出关于蜂胶产品的普遍性问题，相信它能给您、您的家人、朋友、同事带来一些帮助，使您在健康方面有所收获，使您能够更全面地了解蜂胶产品的作用与功效。

一、蜂胶与其他蜂产品的区别

不少消费者面对货架上琳琅满目、品种各异的蜂产品，感到眼花缭乱，无所适从。各种蜂产品的作用好像相同又不相同，究竟是选用蜂王浆、蜂花粉，还是选用蜂胶、蜂蜜呢，实在搞不清楚。那么，消费者究竟怎样才能选择到适合自己的蜂产品呢?

首先我们需要对蜂王浆、蜂花粉、蜂胶和蜂蜜这四种常见的蜂产品共同的特点和各自的作用作一些简单的了解。国内外对蜂产品药理药效、营养成分、生物作用、临床实践等方面的大量的科学研究表明:

(1) 蜂胶、蜂王浆、蜂花粉和蜂蜜等蜂产品是一种充满活力和富有生命力的绿色天然食品，具有安全性，是人们最理想的健康食品之一。

(2) 它们都富含氨基酸、蛋白质、维生素、生物酶、矿物质和微量元素等对人体有益的多种营养成分。

（3）它们具有以下共同的作用，消炎、杀菌、抗肿瘤、防衰老、保护肝脏、降血脂、降胆固醇、调节血糖、促进组织再生、增强免疫等功能。

（4）它们所含的营养保健和药理成分以及含量又有所不同，所以它们对人类健康方面所起的作用又有不同和侧重。

①蜂胶具有抗氧化、抗辐射、抗溃疡、防癌等多种作用，它含有丰富的黄酮类物质（蜂胶中的这种物质比自然界中的任何一种物质都高）和萜烯类等物质，这两种物质具有显著的抗菌消炎、降血脂、降胆固醇、调节血压等作用，因而蜂胶被誉为“人类健康的保护神”“血管的清道夫”等。

②蜂王浆中的营养保健和药理成分既十分丰富，又十分协调，具有抗氧化、抗辐射、抗疲劳、抗衰老、美容美颜等多种作用，它所含的癸烯酸（10-HDA）是自然界中其他物质所没有的，而这种物质具有显著的刺激机体淋巴细胞的活性、抗菌消炎、防癌抗癌等作用，因而蜂王浆被人们誉为“生命青春之源”。

③蜂花粉中的蛋白质和氨基酸比许多食品都高，营养特别丰富，能为人体细胞和组织提供足够的养分，维生素含量也非常丰富，尤其是B族，我们知道维生素是人类生命活动不可缺少的物质，绝大多数人体内又不能合成，只能靠食物补充，它具有维持人体正常新陈代谢、抗衰老、双向调节血压等多种作用，因而蜂花粉被人们誉为“微型天然营养库”“自然界最完美的食品”等。

④蜂蜜中含有180多种天然成分，其中含量的60%～80%是单糖（果糖和葡萄糖），单糖有“人体燃料动力”之称，具有为人体活动提供重要能量来源的作用，可被人体直接吸收利用，因而蜂蜜被人们称为“玉液琼浆”“老年人的牛奶”等。认识了蜂产品相同与不同作用以后，我们可以肯定地说，作为一种安全健康的天然食品，在营养保健和防病

治病方面，每一种蜂产品可单独使用，也能取得较好的效果，又可相互配伍，取得异曲同工、相辅相成的作用，例如蜂胶或蜂王浆单独使用治疗糖尿病，在临床实践上效果也很理想，但如果再加以蜂花粉、蜂蜜或其他治疗糖尿病的药物，更会是锦上添花。

二、养蜂人生产的粗蜂胶能直接食用吗

养蜂场采收的蜂胶，俗称毛胶，是直接从蜂巢中采收，未经任何加工原料蜂胶。原料蜂胶中含有蜜蜂肢体、重金属、木屑、泥沙、麻布、纤维等杂质，其形态为不透明团块状或碎屑状，不能直接食用。

由于用中国传统方式养蜂时，很多蜂农习惯在蜂箱顶部放置铁丝网，作为蜂箱的盖网，蜜蜂采集的蜂胶就储存在蜂箱的网盖上。用铁丝网收集蜂胶时，如果蜂农在采集时用具不当，容易造成蜂胶铅含量超标。因此，擅自食用蜂胶原料有生命危险，只有经过严格、科学的分离提纯才可食用。

铅是一种多亲和性有害重金属，在人体内有蓄积性，不易排出体外。如果铅在体内超量蓄积，会损害免疫系统、神经系统和造血功能。所以在蜂胶后期的深加工时还需要进行除铅处理。目前通常可用化学沉淀法、过滤中和法、吸附法、整合法等方法除铅。

蜂胶保健食品出厂前，铅含量是必须检测的项目之一，超标产品判定为不合格产品，不能出厂销售。目前在市场上销售的蜂胶产品，只要取得卫生部保健食品批文，其铅含量都是符合国家安全要求的，可以放心使用。但是出于食品安全角度考虑，蜂胶的铅含量问题还是应该引起有关厂商的特别关注，不仅要从源头抓起，还要采用适当的除铅工艺，确保产品铅含量不超标。

蜂胶原胶

（方小明　提供）

三、蜂胶为什么对糖尿病有良好的效果

糖尿病是综合性疾病，有“百病之母”之称，其并发症涉及血管、神经、代谢、免疫四大系统。蜂胶的优势就在于它能在稳定血糖的同时，可保护血管、修复神经、促进组织修复，一物多效。对糖尿病患者来说，无疑可取得更全面的保健作用。与此同时蜂胶百分之百源于大自然，温和、无毒，适合糖尿病患者长年服用，与很多单一功效的保健品相比，无疑更适合糖尿病患者。

蜂胶降低血糖，预防和治疗糖尿病及并发症的途径有以下几方面。

（1）蜂胶中的黄酮类和萜烯类物质具有明显地降低血糖的作用。

（2）蜂胶的广谱抗菌作用、促进组织再生的作用，也是有效治疗各种感染的主要原因。

（3）蜂胶是一种很强的天然抗氧化剂，并能显著提高SOD活性，服用蜂胶不仅可以减少自由基对细胞的伤害，还可防治多种并发症。

（4）蜂胶有加强药效的作用，在注射胰岛素或服用一般降糖效果不好时，可加服蜂胶，能大大提高药效，明显降低血糖。

（5）蜂胶的降血脂作用，改善了微循环，并有抗氧化、保护血管效果，这是控制糖尿病及其并发症的重要原因。

（6）蜂胶中的黄酮类、苷类等物质，能增强三磷酸腺苷酶的活性，它是人体能量的重要来源，有供应能量、恢复体力的作用。

（7）蜂胶中的黄酮类物质、多糖物质具有调节机体代谢，增强免疫能力的作用。因此，可以提高机体抗病力，提高整体素质，防止并发症。

（8）蜂胶中含有丰富的微量元素，对糖尿病的防治也具有重要的作用。

四、为什么糖尿病患者服用蜂胶的同时还要继续服用降糖药

蜂胶主要是通过修复受损的胰岛细胞，达到平稳血糖、防治并发症的目的，但这需要一个过程。要想使受损细胞得到修复，首先就要把血糖先控制下来。如果血糖一直高的话，它就会持续刺激身体，胰岛细胞也得不到修复，同时血糖每升高一次就对身体产生一次新的损害，所以要配合降糖药使用蜂胶。随着蜂胶服用时间的延长，胰岛细胞及受损的各个器官都会逐渐全面地修复，促进自身分泌胰岛素，等血糖平稳后就可以逐渐减少降糖药的用量。

五、蜂胶价格相差较大的原因

目前市场上蜂胶产品价格有高有低，相差悬殊。有的蜂胶产品价格很高，是因为其功效成分提取率偏低，资源利用率

低、生产成本高造成的。有的蜂胶产品价格很低，甚至低于正常蜂胶原料价格和生产成本，其实很可能使用假蜂胶（媒体曾曝光部分黑心企业用杨树芽熬胶，以假乱真）或掺假蜂胶（掺加化学黄酮）为原料，以此大大降低产品成本，虽然售价低，但仍有暴利可图。

蜂胶是非常珍贵和稀少的天然物质，一箱蜂每年只能产蜂胶100～500克，因其产量非常少，被誉为自然界的“紫色黄金”。原料如此稀缺，注定销售到市场上的蜂胶制成品不可能太便宜。如遇特别便宜的蜂胶，应该引起消费者的足够重视。

浙江大学动物科学学院胡福良团队利用水杨苷指标，采用高效液相色谱法对市场上67个蜂胶产品进行了检测，发现其中66%的样本检测到杨树胶掺假标志性成分水杨苷。杨树胶掺假一直是对蜂胶市场健康发展的重大威胁，而当前蜂胶市场制假掺假现象依然十分严重。

合理的蜂胶产品的价格是建立在蜂胶原料价格基础上的，既能保证真材实料，货真价实、物有所值，也能体现产品的真实价值，实现消费者和生产经营者的双赢。

六、外国蜂胶比中国蜂胶好吗

站在科学的立场上，比较两个不同地区所产蜂胶的优劣是可行的，那就是生产的蜂胶是在什么植被条件下，即该蜂胶采集于何种胶源植物，生产这种蜂胶的自然环境怎样？生产方式或生产操作规程是否得当？此外，蜂场周围卫生条件、蜂巢内的环境、蜂胶原料是否有掺假等，都会影响到蜂胶的质量，进而会影响到产品的质量。

国内外有人认为，中国蜂胶不如巴西蜂胶，国内一些商家以此进行商业炒作。这种情况起源于20世纪90年代初，从巴西产的蜂胶中提取的双萜类物质被证明具有抗肿瘤活性，其含有的桂皮酸诱导体被认为是抗菌活性物质等内容被陆续报道；

同时，随着蜂胶提取技术的发展，多种有效成分被发现，这一时期的主要原料是巴西产的蜂胶，作为研究材料也多偏于巴西产的蜂胶。这就形成了人们普遍认为巴西产的蜂胶品质优良的背景。

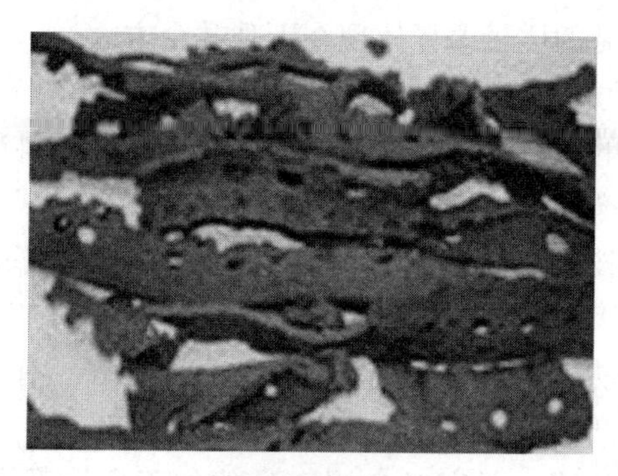

巴西绿蜂胶

（高凌宇　提供）

有些商人出于宣传的需要，试图找到一个所谓的“卖点”，常常置科学事实于不顾，臆想或虚构一个观点大肆宣传。例如，日本商人以前主要从南美的巴西进口蜂胶原料，于是国内便对巴西蜂胶大加渲染，使得人们脑海中留下了深深的印象，形成了一种无法纠正的错误倾向。其实，日本市场上销售的绝大部分蜂胶产品都是用中国的进口原料生产的，可产品包装上总写着巴西生产，这实在可笑。

我们从科学角度对巴西与中国所产的蜂胶进行对比，只能说蜜蜂所采集的胶源植物不同，蜂胶的色泽、香气特征及化学成分上存在差别，特别是来自温带地区的蜂胶和热带地区的蜂胶化学成分相差很大。中国蜂胶和巴西蜂胶的胶源植物不同，因此其化学成分存在显著差异。

因胶源植物不同，蜂胶的化学成分存在一定的差异，这是很正常的事。某些化学成分的差异，只能说明蜂胶来源于哪种类型的胶源植物，并不能真正反映它们质量的优劣或者功效的高低。

蜂胶产品的差异主要由生产产品的技术、原料、设备、生产环境等因素决定，同样这些因素适用于蜂胶产品质量的比较。

蜂胶产品的质量差异体现在下列几个方面。

其一，原料。这是制作产品的基础和关键，无论国内外，只有使用好的原料，产品质量才有保障，劣质原料和假原料一定做不出好产品。

其二，技术。技术是生产优质产品的保证，好的提取加工工艺，能最大限度地保留蜂胶的功效成分，所加工的产品才有良好的保健功效；低劣的技术，往往会残留许多有害物质或杂质，这样的产品可能对人体健康带来损伤。

其三，环境。国家对食用产品的加工环境都有严格的要求，保障蜂胶产品的品质符合要求，以确保消费者的健康。

中国是世界第一蜂胶生产大国，中国蜂胶科学研究和蜂胶保健食品生产技术，都居于世界领先水平。中国政府对保健食品实行严格的监管制度，使中国蜂胶保健食品安全有保障，功效有保证。消费者选购拥有保健食品生产资质、信誉高、专业生产蜂胶（拥有高科技提取技术的）的大品牌企业的产品是可以放心使用的，没有必要盲目迷信进口的外国蜂胶产品。

因此，巴西蜂胶好还是中国蜂胶好，应该是各有特点，难分伯仲。中国蜂胶与巴西蜂胶都是大自然赐予人类的宝贵资源，都应科学利用而不应相互贬低。

七、食用蜂胶产品的原则是什么

无论出于什么目的服用蜂胶产品，都必须遵守下列三个基本原则。

原则一：坚持连续服用。蜂胶属于天然产品，内服的最大特点之一是效果慢，蜂胶产品不像服用西药，服用后不久效果就开始显现；它具有其他天然中草药产品的固有特性，效果缓慢而持久。因此，服用蜂胶产品切不能三天打鱼、两天晒网，必须连续服用一个月到三个月，再评估产生的效果。因为蜂胶作用（尤其内服）的发挥其实是一个从量变到质变的过程。

原则二：服量足。即根据不同目的选择服用量，不要减量，也不宜加量。消费者应该依据自己的情况，每次按照规定的量服用，这样才能实现从量变到质变的飞跃。尤其在开始服用时更不能马虎。

原则三：空腹服。服用蜂胶产品的时间没有严格的规定，但如果考虑到消化和有效成分的吸收，还是以空腹为佳，最好在饭前 20 分钟到半小时服用，这样能够提高身体的吸收率。如果饭时或饭后服用，则唾液、胃液消耗殆尽，则吸收率会打折扣，对有效成分的吸收利用度会降低许多。当然也可在晚上睡觉前服用。保健每日 1 次，早餐前或其他时间空腹时服用；治病则 1 日 3～4 次，服用量可酌情增加，应在三餐前和晚上睡觉前服用。

油溶蜂胶软胶囊

（方小明　提供）

八、树脂与蜂胶有何本质不同

树脂一般指乔木类（树干高大，主干和分枝有明显区别的木本植物，如松树、柏树、杨树、白桦等）植物的分泌物。树脂的产生因植物种类而异，有的在树干（松树、柳树），有的在树芽（杨树），有的在果实（桃、杏），有些树脂本身就是一味中药，如松香等。

树脂是生产蜂胶的原料，但不是全部，有些树脂蜜蜂根本不采集，树脂必须经过蜜蜂的加工才能转变为蜂胶。这种转变包括许多化学变化，因此蜂胶与树脂有本质的区别。青出于蓝而胜于蓝，蜂胶的功效或疗效是树胶所无法比拟的。

九、蜂胶产品剂型与功效有什么关系

多年来，很多消费者会咨询这样的问题："根据我的情况，应该使用什么剂型的蜂胶产品好?"这个问题虽然简单，但是咨询的频率很高，现在我们就给予一个完整的答案。

大家一定去过药店吧，那里摆放着成百上千种药，品种不同、包装各异，生产厂家也不一样。但就剂型而言，总共不过十多种；就种类而言，可能有成百上千种。当你到药店买药时，你一定向营业员提出买某种药，而非某种剂型的药。事实上，食品的营养、保健品的功效以及药品的疗效是与其内在的成分相关的，治疗某种疾病，选择某种药，实质上是选择对付该病的有效成分。例如，治疗感冒，无论你使用哪种剂型的产品，最重要的是这种产品必须含有治疗感冒的成分。假设我们把白砂糖装成硬胶囊或将其制成口服液，即使你天天坚持服用，它也不可能产生疗效。

蜂胶产品自然也遵循这样的法则，它的效果一定与产品内在的质（有效成分）和量（每单位含量）成正相关。蜂胶产品的各种剂型各具特点，各有所长，消费者应在了解其成分的基础上，根据自身的需要来选择。

十、影响蜂胶产品质量优劣的因素有哪些

影响蜂胶产品质量的因素比较多，主要包括以下几个方面。

第一，我国地大物博，资源丰富，胶源植物也非常多，

由不同的树脂生产出来的蜂胶，其颜色、气味、成分等都有一定的差异。制作不同用途的产品，就必须有针对性地选择原料。

第二，同一产地的蜂胶，其有效成分、气味、颜色等也会随储存方法、储存年限以及环境的不同有所变化。

第三，不同的提取原理、不同的溶剂以及不同的加工工艺所获得的成分不同，对蜂胶的作用范围、作用效果影响很大。

第四，每一种蜂胶制品的性能，随其配方、蜂胶含量等不同也出现明显差异。

第五，蜂胶原料中含有很多不能食用的成分，尤其是重金属，如果加工不当，直接影响蜂胶产品的质量，甚至会对健康产生严重影响。

十一、蜂胶的颜色为什么有深有浅

蜂胶产品的颜色，主要来源于原料、辅料的颜色，也受产品加工时工艺技术的影响。市场销售的蜂胶产品颜色不同，主要有棕黄色与黑褐色之别。

蜂胶产品从棕黄色到黑褐色，蜂胶产品的颜色变化与多种因素有关，主要包括以下几个方面。

第一，因蜂胶胶源植物不同造成的，来源于杨树类胶源植物的，颜色相对较浅，来源于桉树类胶源植物的，颜色相对较深。

第二，因添加的原辅料不同造成的，例如目前市场销量较大的蜂胶软胶囊产品，其辅料主要有食用植物油和化学乳化剂两类。用食用植物油配制的蜂胶，其标志是产品的颜色一般棕黄色；而用化学乳化剂（如聚乙二醇 400）配置的产品，一般颜色多为黑褐色。

第三，因蜂胶加工工艺不同造成的，通常蜂胶生产过程中普遍采用热加工技术，蜂胶原料需加热熔化后生产蜂胶产品，生产工艺容易导致氧化褐变，导致产品颜色变黑。

目前一些先进生产加工企业采用低温微粉技术来生产蜂胶产品，并选用不饱和脂肪酸含量很高的食用植物油（如橄榄油、山茶油、葵花籽油等）作为辅料，所以生产的蜂胶产品与优等蜂胶棕黄色一致。

不同分散剂制成的蜂胶软胶囊

（方小明 提供）

十二、蜂胶为什么是一味良好的中药

中国是东方文明古国，我们的祖先在长期实践中，在与病魔抗争和求生存的过程中，认识和归纳总结了许多天然中草药，并将其编写成药典。从两千多年前的《神农本草经》，到明代李时珍所著的传世宝典《本草纲目》，再到现在的许多中医药大词典，成百上千种中草药被搜集整理，其中蜜蜂产品也占有重要的一席之地。

由于中华蜜蜂不产蜂胶，所以我们的祖先对蜂胶认识较晚，故在现代以前的所有药学著作中，都找不到关于蜂胶的词条，而现代的许多中医药大词典中，都增加了蜂胶的内容，已将其列为一味中药。

蜂胶是从胶源植物新生枝芽或花蕾处采集的树类物质，再混以蜜蜂舌腺等腺体的分泌物，经蜜蜂加工转化而成的胶状物质，它含有极为丰富而独特的生物活性物质。目前已从蜂胶中分离出300余种黄酮类化合物，它具有维持血管正常渗透性、防止毛细血管变脆和出血、改善微循环，可解毒、利尿、抗菌、消炎、保肝、抗肿瘤、抗辐射损伤等作用。同时，蜂胶抗菌作用较强，对皮肤病有显著疗效，还具有局部麻醉作用，对牙痛、皮肤止痛、止痒都有一定作用。

蜂胶具备了中医药的所有特性：其一，蜂胶是一种动植物分泌物的混合体，属纯天然产品，无毒副作用，具有良好的安全性；其二，长期的实践和临床证明了蜂胶具有广泛而稳定的防病治病效果；其三，蜂胶既可单独使用，又能与多种中草药配伍，形成无数种方剂，有针对性地治疗某种疾病。因此，我们说蜂胶是一味不可多得的良药。

十三、蜂胶能与中药、西药一起服用吗

蜂胶属于天然产品，它本身就是一种20余类，500多种天然成分的大融合，正因为如此，蜂胶几乎可以同任何食品、保健品一起食用。

中药本身就是一种纯天然产物，蜂胶与其同时服用一般不会产生什么不良反应，同时还可以帮助中药发挥更好的治疗作用。因此，蜂胶加中药可以放心使用。但是，当中药处方中使用含有毒成分的药材或中成药时，不能和蜂胶产品一起服用，应间隔半小时以上再服用。

西药的特点是：组分单一集中，治病效果比中药强且快。但是西药都是人工合成的产品，往往都有一些毒副作用。由于蜂胶对药物有增效作用，如果和西药一起服用，蜂胶就有可能加强西药的药效（包括它的毒副作用）。因此，对于毒副作用较大的西药，最好还是与蜂胶分开服用为好，一般间隔半个小时以上即可。

蜂胶产品还不宜与磺胺类药物合用，蜂胶中的有机酸成分与磺胺结合，可能导致尿液酸化，降低药效。蜂胶产品也

不宜与红霉素、氯霉素等抗生素合用，蜂胶中的多酚类物质与其结合后，容易生成盐酸沉淀物，可能会影响药物的吸收和利用。

对于糖尿病患者，如果蜂胶与西药一起服用时，约1/3的患者血糖下降较快。在这种情况下，需要糖尿病患者每天注意自己的血糖变化情况，适时减少西药的用量。

十四、哪些人群适宜服用蜂胶

蜂胶已收录于《中华人民共和国药典》，卫生部已将蜂胶列入保健食品原料名单。所以，蜂胶保健食品适宜特定人群食用。

1. 亚健康人群

亚健康人群是指处于亚健康状态的人群。亚健康状态是介于健康和患病之间的状态，很多人身体不舒服，但各项指标正常，如不采取有效措施，就会向多种疾病转化。亚健康人群服用蜂胶，用量少，见效快，事半功倍，符合蜂胶保健疗法“健康生活，未病先防”的原则。

2. 健康异常人群

健康异常人群是指健康状态已处于异常状态的人群，如肠胃不适、睡眠障碍、高血糖、高血压、前列腺增生等。

健康异常人群，应在积极治疗的同时，科学应用蜂胶，符合蜂胶保健法“已病防变，防止病情加重、控制并发症，调治并举”的原则，功效直接、疗效肯定。

3. 中老年人

中老年人的生理机能开始慢慢下降，如代谢下降、功能减弱、抗病力与自愈力降低，易患多种疾病。

蜂胶适合中老年人体质特点，能增强体力、精力和耐力，调节免疫功能，提高抗病力与自愈力，使人不生病，少生病，即使生病，也能快速康复。

4. 出差、旅游人群

外出旅游、出差时，由于生活方式、生活环境发生改变，饮食条件和水土状况的影响易引发多种不适症状。

使用蜂胶，能增强体力、精力和耐力，减轻或消除疲劳，增进食欲，改善睡眠，提高抗病力，对水土不服、肠胃不适等也有很好的疗效。外用时，可杀菌消炎，止痒止痛，抗感染，防冻防晒。

十五、每次食用蜂胶量以多少为宜，是不是服用越多越好

蜂胶的奇特疗效使许多人爱不释手，全世界众多亚健康人群、疾病患者都从中得到了好处，于是，他们不断将其转告自己的亲戚、朋友、同事，让他们试用。每次食用蜂胶量以多少为宜，这不能一概而论，蜂胶的服用量实际上是由下列诸多因素决定的。

服用的对象：即服用蜂胶者是成人还是儿童，是初次服用还是长期服用，是一般病患者还是重病患者。

食用目的：消费者服用蜂胶想达到什么目的，保健还是治病。

产品种类：由于不同厂家生产的不同蜂胶制品的蜂胶含量不同，用途各异，每次的服用量也不尽相同。

因此，不同的消费者在服用蜂胶时，用量可能不一，具体的服用量需要明确食用目的，并在产品使用说明书指导下综合确定。

有些人患病后，尤其是得了急性病或严重的慢性病，思想压力大，治病心切，总希望通过一种有效途径尽快恢复健康。于是，他们总想通过增加用量来尽早祛除疾病，有时盲目增加产品用量，这种做法既不科学，也不可取。

一般而言，一种产品的用法、用量，都是经过多次科学实

验得出的，而不是任意想象的，例如，每人每次纯蜂胶的用量以100～120毫克为宜，少服效果差，多服则造成浪费。正像我们吃鸡蛋一样，如果一个人一天吃1～2个，其营养几乎都会被人体吸收利用，但如果每日食用10个鸡蛋，虽然不会对健康带来什么副作用，但会给消化系统带来负担，且造成一定的浪费。此外，过多地服用蜂胶，会对口腔、肠胃产生刺激作用，有些人甚至会出现腹泻现象。因此，吃什么东西都应有一个“度”，应适可而止。

从理论上讲，大剂量服用蜂胶不会对身体产生什么伤害，但是人体的吸收能力是有限量的，如果体内摄入过量蜂胶，身体也只能吸收其中的一部分，而将多余的部分排泄出去。蜂胶是一种珍贵的天然物质，一群5万～6万只蜜蜂的蜂群每年只能产出100～500克的蜂胶，素有“软黄金”之称，所以我们没有必要过量地食用蜂胶，造成浪费。

十六、使用蜂胶产品多久才能有效

蜂胶的疗效往往是多种因素的综合效应。研究表明，不同产品、不同剂量、不同生理状态、不同病症等各种因素，对见效快慢都有重要的影响。又由于蜂胶的作用范围十分广泛，对它的效果作一个概括性的评价似乎不太现实。我们不妨分三种情况加以阐述。

第一类：立竿见影型。即使用蜂胶后很快能产生效果，如各种伤口、湿疹、带状疱疹、牙疼、口腔溃疡等。

第二类：缓慢型。即坚持使用一段时间（20～30天）蜂胶产品后才会表现出明显的效果，如肝炎、胃炎、肺炎、咽炎、肠炎、胃溃疡、息肉、免疫力低下等。

第三类：无效型。就是在使用蜂胶产品三个月以上仍不出现效果者。这样的情况也很正常，一则蜂胶确实对某些疾病无作用，二则由于个体生理上的差异，蜂胶对同种病患的不同个体常常也表现出不同的疗效。

十七、长期使用蜂胶是否会产生一些副作用或不良反应

蜂胶是一种“药食同源”的天然产物。作为药品，它有很好的疗效，而且无毒副作用；作为保健品或食品，在增强体质、预防疾病方面表现得更加出色。

对于一些慢性病，需要长期食用蜂胶产品，于是有些人就担心，长期食用蜂胶会不会带来一些副作用，或某种疾病会对它产生抗性。其实不用担心。第一，蜂胶在蜂巢中存在了千万年历史，既没有对蜜蜂产生副作用，自然界的各种病原微生物也未对其产生抗性。第二，在注重营养保健的日本等国家，不管有病或是没病，都经常在牛奶、咖啡中加服蜂胶，作为净化血液、祛病强身之用。据介绍，日本人食用蜂胶的时间已有30余年，今天，食用蜂胶的队伍更加壮大。第三，在国内外发表的上千篇蜂胶论文中，从来没有看到长期食用蜂胶产品的负面报道。

一般来说，在治病时，我们就要服用中药、西药，病愈后就应停止服用，以免产生抗性。蜂胶并非如此，它属于保健食品，没有什么毒副作用，身体也不会产生抗药性，因此，基于维持健康的需要，病好后最好仍继续服用，让身体打好坚实基础。

十八、蜂胶中黄酮含量越高越好

由于产地不同、树种不同、季节不同等，蜂胶原料中总黄酮含量差别很大；又因蜂胶原料的差异性，造成蜂胶提取物中总黄酮含量也是不平均的。所以蜂胶产品中蜂胶含量与总黄酮的多少不一定成正比；而且蜂胶的含量是有一定范围的，超出这个范围肯定就不正常。一般蜂胶提取物总黄酮含量在15％～

25%，很少有超过25%的，绝大多数都小于24%。

目前市场销量最大的产品是蜂胶软胶囊，一般蜂胶含量在30%左右，可以推算蜂胶产品的总黄酮含量应在4%～7%，超过7%的应该是极少数。因为厂家不同，产品设计不同，判断蜂胶产品的总黄酮是否合格，主要是依据各企业备案的企业标准和检验报告来判断。但是目前市场上部分企业为了宣传，寻找卖点，往往在总黄酮含量上做文章，一些蜂胶软胶囊总黄酮含量竟然高达9%以上。有关部门通过专业仪器对其进行检测，发现均含有由杨树芽胶制成的劣质蜂胶，或在蜂胶中人为添加黄酮（如芦丁等），来提高黄酮含量。

因此，消费者在选购蜂胶产品时，需要看清产品总黄酮含量是否处于合理的范围，如果超出范围，消费者要小心谨慎，因为现有技术条件下，企业还难以生产出含量超高的蜂胶产品。

十九、蜂胶的广谱抗生作用是否会破坏肠道内的有益菌落

从某种意义上讲，人是靠微生物生存的，口腔、鼻腔、肠道都有大量的微生物存在，它们帮助我们消化分解食物和抑制致病菌等。没有它们的存在，身体的微生态即遭到破坏，因此，有时我们还补充一些微生态制剂，改善这种功能。

前边我们在讲蜂胶的生物学作用时提到它有广谱抗生作用，这是否意味着它能杀死这些有益菌，其实这种担心是多余的。蜂胶在体内行使的是“警察”的职责，即只杀灭有害微生物，保护有益菌落，所以既不会带来代谢紊乱，还能维持体内生态平衡，保持身体健康。

二十、蜂胶产品是否具有防止醉酒和醒酒作用

在社交场合酒前食用蜂胶，可以防醉保肝，酒后食用蜂胶可以快速醒酒，消除头疼等不适感。

有些人在饮酒时会想办法避免喝醉，其实只需在聚会时带支蜂胶液或几粒蜂胶软胶囊，到时就会派上用场了。喝酒之前可以先在酒中加入几滴蜂胶液后再饮用，这样就不容易喝醉了。万一喝醉了，一方面可以多喝些水，另一方面可以服用几粒蜂胶软胶囊，这样利于醒酒，减少酒精对肠胃的损伤。

二十一、蜂胶有刺鼻及辛辣的味道，是正常的吗

蜂胶的确会有略刺鼻及辛辣的味道，有些人会感到难以接受，但这种气味也是蜂胶中的有效成分黄酮类、萜烯类、芳香酯、芳香酸等物质挥发出来的味道。好的蜂胶在嚼服入口的那一瞬间，虽然会感到辛辣，但是一下子便会自然消失，随之而来的是清爽的感觉。

二十二、蜂胶加在水中有一种黑色漂浮物能吃吗

蜂胶加在水中，在水的表面会有两种漂浮物，一种是米黄色漂浮物，一种是黑色漂浮物，这两种漂浮物都是蜂胶的主要成分，米黄色漂浮物主要是黄酮类物质，黑色漂浮物主要是蜂胶油，这些物质都是好东西，可以放心食用。

二十三、三高患者服用蜂胶有效果吗

蜂胶具有很好的调节血糖、调节血压、调节血脂和广谱抗菌的作用，适合三高病人和各种炎症人群。我国著名的蜂疗保健专家房柱教授进行了蜂胶改善高脂血症的临床研究，245 例患者服用蜂胶，总有效率达到 80%，而且，表现出持续稳定的现象。蜂胶对高血脂患者改善的同时，还大大降低了冠心病、脑血栓、高血压患者的临床症状。

二十四、如何使用蜂胶液，为什么还要配合胶囊服用

服用蜂胶液时，可将原液滴在馒头、面包上或滴入牛奶、

蜂蜜水、果汁中饮服；也可直接口服，气味辛辣而芳香，习惯后口感极佳。不适应的客户可购买空心胶囊，将原液滴入空胶囊中（上等糯米加工而成的胶囊，遇水和胃酸后会快速溶解，不会造成消化系统负担），温水吞服，此方法方便且易掌握，同时也避免了蜂胶中有效成分的浪费。

二十五、巴西采胶蜂群单产量有多少

由于胶源植物丰富，蜂群群势强，生产季节每15天一箱采胶蜂群可产100多克蜂胶，年产蜂胶可达1千克以上，最高可达1.4千克。巴西使用的蜂胶生产方法，蜂胶产量高，杂质少（蜂蜡含量仅有3%～5%）、质量好。巴西采胶蜂群年单产量高达1 000～1 400克，而我国蜂群年单产仅有100～500克，为何相差如此之多？主要原因如下。

（1）胶源植物品种、面积和密度的差异；巴西森林覆盖率高达65%，有的地区有上百万公顷的桉树人工林，有上百万株连片的酒神菊树，亚马逊河热带雨林更是大森林的博物馆，胶源植物丰富是首要因素。

（2）现在巴西蜂农饲养的是非洲化杂交蜜蜂，它是1956年巴西的蜜蜂遗传育种专家Kerr博士引进的非洲蜜蜂与当地原有蜜蜂杂交的后代。非洲化蜂种虽然凶猛异常，但其采集性能好，抗病虫害能力强。采胶对于蜜蜂来说是一项繁重的体力劳动，非洲化杂交蜜蜂凶悍强壮，具有非凡的采胶能力。

（3）架空继箱放置采胶器。巴西的蜂胶采集使用专门的采胶器，置于上下蜂箱之间，框长540毫米，框宽20毫米，中间空隙25毫米。工蜂为弥补这个空隙，不停地采集蜂胶进行堵塞，逐渐形成长约50毫米，宽25毫米的长条形蜂胶，每条蜂胶上有因蜜蜂进出而形成的相当于蜜蜂身体大小的均匀圆孔（几乎是等距离分布）。这种采胶器空隙大，通风，而且空隙与箱体是呈90°角的垂直状态，即“立面”取胶。国外有报道，如果有微风不断地吹向蜂群，蜜蜂将很快用蜂胶封堵。可以通过这种“诱导”或“强迫”促使蜜蜂多采蜂胶。当然，适宜的气候和温度也是必要的，因为，继箱架空后，四周留下 2.5 厘米高的缝隙，四面通风，如果温差过大，影响蜂群保温和繁殖。中国应因地制宜，创新自己的蜂胶生产方式，提高蜂胶品质与产量。

第六章

蜂胶最新研究进展

蜂胶是西方蜜蜂采集树脂并混入蜂蜡、花粉及自身腺体分泌物所得到的一种天然产物，具有广泛的生物学活性和药理作用，因而被广泛应用于食品和保健品行业，以增进人体健康和预防疾病。蜂胶具有抗氧化、抗炎、抑菌、抗病毒、护肝、抗肿瘤及免疫调节等多种生物学活性，现已在食品、药品、保健品、饮料及化妆品行业得到广泛应用。因此，蜂胶药理活性、蜂胶产品开发、蜂胶的质量安全以及蜂胶的应用成为现今蜂胶研究的热点。

蜂胶成分复杂，由大约55%的树脂和树香、30%左右的蜂蜡、10%的芳香挥发油和5%的花粉及杂物组成。从1911年 Kustenmacher 在蜂胶中发现了肉桂酸和肉桂醇后，研究者们已从蜂胶中分离鉴定出 20 余类，500 多种天然成分，具有高度的复杂性和可变性。主要包括类黄酮化合物、酚酸类化合物、醛酮类化合物、萜类化合物、维生素、多种氨基酸、木脂素以及脂肪酸等。研究发现，蜂胶的化学组成受其地理来源和胶源植物的不同而呈现出一定的差异性。

中华蜜蜂不产蜂胶，因此我国历史文献中对蜂胶的应用和生产记载不多，在欧洲及中亚，蜂胶作为一种民间医药，有悠久的应用历史。从生物学活性角度看，蜂胶具有广谱抗菌、抗氧化、抗肿瘤、调节血脂血糖等十分广泛的生物学作用。因此，本章对近年来在蜂胶生物学活性组分及药理应用等方面的研究作一介绍，为蜂胶的深入研究提供理论基础。

一、蜂胶的植物来源

蜜蜂采集植物的树脂、树胶及树芽用于制备蜂胶，因此蜂胶的化学组成与植物来源有不可分割的关系，研究蜂胶的植物来源可为蜂胶的化学成分研究、蜂胶的标准化研究提供依据。蜂胶的化学成分取决于蜜蜂采集蜂胶的地理来源及植物分布，不同地区的蜂胶、同一地区的蜂胶化学成分都可能存在很大差异。因此，目前蜂胶药理活性的研究都离不开蜂胶的地理来源和植物来源的研究。

蜂胶植物来源广泛，目前根据植物来源，蜂胶主要分为杨树胶、桦树胶、绿胶、红胶、太平洋蜂胶及加那利群岛蜂胶等类型。蜂胶植物源分类为不同类型的蜂胶中活性成分的研究、质量控制及标准化提供了依据。蜂胶的化学成分依赖于采集地植物的特异性及当地的地理和气候特征。现有资料表明世界各地的温带地区，蜂胶主要来源于黑白杨嫩芽的树脂分泌物。因此，欧洲蜂胶主要含有典型的白杨芽酚，即类黄酮糖苷（黄酮和黄烷酮）、酚酸及其酯。在热带及亚热带地区，蜜蜂必须寻找其他来源的胶源植物以替代它们喜欢采集的白杨。因此，热带地区的蜂胶与白杨型蜂胶有不同的化学成分。近十年来，巴西蜂胶引起商界及科学界极大的兴趣。巴西蜂胶主要来源于勾滕类树叶脂，其主要成分是香豆酸和乙酰苯的异戊二烯衍生物，还发现有二萜类、木酚素类及类黄酮（不同于白杨型蜂胶）。在巴西，最近研究了已注册的几种类型的蜂胶，这些蜂胶的植物来源不同于勾滕类，其组成成分也不同于上述提及的那些成分。最近，古巴蜂胶的化学成分又引起了科学家的注意，它的主要成分是聚异戊二烯苯并酮，与欧洲及巴西蜂胶的成分都不同。通过鉴定这种蜂胶来源于粉红克卢西亚木树脂，这种树脂产生了聚异戊二烯苯丙酮。毫无疑问，在其他生态系统中，蜂胶植物来源及蜂胶的化学成分将会带给科学家更多的可研究的内容。

尽管不同植物来源的蜂胶有不同的化学性质，但多数情况下不同的蜂胶具有相似的生物学特性。蜂胶是蜜蜂用来抵御传染病的，所有的样品都有抗菌功效，其他的生物学活性也都相似，而具有此功能的化学成分却有很大不同。白杨型（欧洲）蜂胶中主要含黄烷酮、黄酮、酚酸及其酯；钩藤型（巴西）蜂胶中主要含异戊二烯p-香豆酸和二萜类；古巴红蜂胶中主要含异戊二烯苯并酮等。令人惊奇的是蜂胶中不同的化学成分具有相同的活性类型甚至是相同的活性剂量。因此，结合化学特性，详细、可靠地比较不同类型蜂胶的生物活性非常重要。

二、蜂胶的化学组成及生物学活性

1. 化学组成

由于蜂胶植物来源非常广泛，不同地理来源、不同蜂种、不同采集季节都会对蜂胶的化学成分产生影响，进而影响蜂胶生物学活性的发挥。对新型蜂胶化学成分的研究一直是研究人员关注的热点。

早在1910年，德国学者Kustenmache就从蜂胶中分离并鉴定出肉桂醇与肉桂酸。随后随着研究的不断深入以及气相色谱—质谱联用、高效液相色谱、核磁共振等现代分析技术的发展，国内外大量的科学工作者使用不同的仪器和方法对蜂胶的化学成分进行了大量的研究，蜂胶中的新成分不断被鉴定出来。迄今为止，已经分离得到并能够确定化学结构的物质就有200多种。蜂胶的化学组成主要包括黄酮类，萜烯类，芳香族酸及芳香族酸的酯类，酚、醇类，醛、酮类，脂肪酸和脂肪酸酯、烃类、糖类、维生素、常量和微量元素，此外还含有微量的蛋白质和酶。蜂胶的最大特点是含有丰富的黄酮类化合物，素有黄酮类化合物的宝库之称。鉴于黄酮类化合物在蜂胶中有效成分中占的比例较高，且含量测定容易，目前常用黄酮类化合物的含量来代表蜂胶有效成分的含量，以作为蜂胶制品最主要的质量指标。迄今为止，从蜂胶中已经分离并鉴定出的黄酮类化合物有 300 多种。主要有：高良姜素、槲皮素、芦丁、杨梅酮、芹菜素、松属素、柯因、柏木素、柚木柯因、乔松素、白杨素、柚木杨素、4′-氧甲基山茶素、5,7-二羟基-3,4′-二甲氧基黄酮、球松素、5,7-二羟基-4′，7-二甲氧基二氢黄酮、樱花素、短叶松素、洋芹素、4′，5-二羟基-7-甲氧基黄酮、3,7-二甲氧基-5-甲氧基黄酮、鼠李素、异鼠李素、5-甲基高良姜素，7-甲氧基高良姜素、3，7-二羟甲基槲皮素、查耳酮、2′，6′-二羟基-4-甲氧基二氢查尔酮、乔松素查尔酮、山姜素查尔酮、2′，4′，6′-三羟基二氧查尔酮、柑橘素、橘素查尔酮等。

希腊雅典大学 Papachroni 等对非洲喀麦隆蜂胶和刚果蜂胶进行了植物化学成分分析和生物学活性评价。他们从刚果蜂胶中首次分离鉴定得到 3 种萜烯类化合物和 2 种联苯-黄酮类化合物；从喀麦隆蜂胶中分离得到 13 种萜烯、3 种联苯-黄酮类、2 种单萜醇类和 1 种脂肪酸酯类化合物，这 4 个蜂胶样本也均表现出良好的抑菌活性。

DeepakKasote 等（2014）采用超高效液相色谱—电喷雾质谱法分析了 39 种南美蜂胶的化学组成及变异性，并与巴西蜂胶的化学组成进行比较。通过化学计量法进一步分析了南美蜂胶的化学成分及地理分布。南美蜂胶表现出与巴西蜂胶非常不同的典型指纹图谱。15 种主要的酚酸和黄酮类化合物被鉴定。分析数据显示南美蜂胶的化学组成分为两大类并且确定了南美蜂胶的化学组成是显著不同于巴西蜂胶的。绝大多数样品的化学组成与其地理来源的温度带是一致的。

Jaqueline 等（2014）研究了麦蜂属蜂胶化学成分组成、抗菌、抗氧化剂及细胞毒素的活性。乙醇提取物的化学成分显示该蜂胶中存在芳香族酸类、酚类化合物、乙醇、萜烯类化合物和糖类化合物。此外，蜂胶的乙醇提取液有抗金黄色葡萄球菌和白色念珠菌的作用，能够起到抗氧化及防止脂质过氧化的作用。另外蜂胶的乙醇提取物还能够促进毒杀人类癌细胞，主要是坏死的白血病细胞。总之，麦蜂属的蜂胶能够对与微生物活性、氧化压力和细胞增殖相关的疾病有治疗作用。

Ghassan 等（2011）分析了从伊拉克 4 个不同地区收集的蜂胶样品，采用高效液相色谱—电喷雾质谱技术计算蜂胶中酚类化合物（黄酮类、酚酸及其酯）的浓度。对 38 种不同的化合物进行了鉴定，其中 33 种多酚。其他化合物被初步鉴定为二萜类化合物，还有一种被认为是未知的。半定量的测量结果表明，酚醛酸及其酯是蜂胶提取物的主要组成成分，其次是黄酮和黄酮醇，然后是类黄酮和二氢黄酮醇。

Tong Zhan 等（2014）收集了 22 种撒哈拉沙漠以南的地区的蜂胶样品，采用不同的分析仪器（高效液色谱联合蒸发光检测器、液相联合高分辨率质谱、气质、液相联合二极管阵列检测器），这些非洲蜂胶组成成分的多样性能够通过热能图得到。检测分析得到三萜类化合物是非洲蜂胶的主要特征成分。通过比较分析，发现非洲蜂胶更类似于巴西红蜂胶，并且得到大量的芪类化合物，这在蜂胶的化学组成上是非常不同的。

Thirugnanasampandan 等（2012）对印度蜂胶的化学组成及其生物活性进行了研究，结果发现印度蜂胶主要含有脂肪酸、乙醇和槲皮素。槲皮素清除 DPPH 和羟基自由基分别为 6.20 微克/毫升和 34.33 微克/毫升。抑制油脂过氧化反应的效果是显著的，抗乳腺癌和肺癌细胞毒素的能力也是非常明显的。

Dora 等（2014）研究了季节因素对一种墨西哥蜂胶的化学组成及生物活性的影响。结果发现，来自不同季节的蜂胶化学组成基本类似，而抗淋巴癌细胞增殖的能力却因季节不同而显著不同，春季的蜂胶对癌细胞显示了较高的抑制作用。

Sirivan 等（2013）研究了泰国蜂胶的化学组成，发现了一种新的苯基黄烷酮类化合物，它们的结构通过核磁共振被确定，此外还分离出了 19 种黄酮类和酚酯类化合物。

Milena 等（2011）研究了 17 种来自马耳他的蜂胶，发现它们显示了典型的地中海的化学组成：富含二萜类化合物；鉴定出 32 种二萜类化合物成分，其中 22 种是所有蜂胶样品所共有。其次含量较高的是糖类及糖的衍生物。此外，还含有苯甲酸型的胡萝卜烷二萜醇脂类化合物被分离出来。

肖利龙等从云南蜂胶中获得了两种化合物，经波谱分析为乔松素（pinocembrin）和△^9（11），12-齐墩果二烯（△^9（11），12-oleanolicdiene），两个化合物均为蜂胶中的活性物质，其中△^9（11），12-齐墩果二烯首次从云南蜂胶中分离得到，这为进一步阐明我国云南蜂胶的药用价值以及为开发利用云南蜂胶资源提供了新的实验依据。

高振中等（2010）采用气质联用仪对我国安徽、河南、江苏、山东、山西、四川、新疆 7 省（自治区）蜂胶中的主要成分进行分离鉴定，分离鉴定出黄酮、酚、醌、萜、甾类等 14 类 79 种物质，其中黄酮、酚、醌、萜类物质含量较高。结果显示不同产地蜂胶中挥发性物质的种类基本相似，但各种单一成分的相对含量存在较大差异；不同地区的蜂胶具有代表性的组分，可通过 GC—MS 方法检测不同蜂胶中的挥发物相对含量和不同地区蜂胶的特征代表物来鉴别蜂胶的产地。

徐元君等（2010）建立了同时测定蜂胶醇提物（EEP）中 23 种多酚类化合物的高效液相色谱（HPLC）分析方法，并用该法测定了分别采自山东济宁和云南西双版纳的 EEP。采用 ZORBAX Eclipse XDB C18 色谱柱（4.6 毫米×150 毫米，5 微米），流动相为甲醇-0.1%甲酸水溶液，梯度洗脱，流速 1.0 毫升/分钟，检测波长 256 纳米和 280 纳米，进样量 20 微升，柱温35℃。结果表明，所用的分离条件可以使混合对照品及EEP均实现良好分离。通过对比保留时间和紫外吸收光谱，从山东蜂胶中鉴定出20种化合物，云南蜂胶中鉴定出14种化合物。两地EEP的HPLC图谱相似度分别为0.417（256纳米）和0.499（280纳米），两者化学成分差异巨大。山东济宁和云南西双版纳分别地处温带和热带地区，不同的气候及植被可能是这种差异的主要原因。

郝胤博等（2009）以产于新疆的蜂胶原胶及其胶囊为实验材料，对比研究了二者的化学组成和抗氧化活性，以期为合理和科学的加工蜂胶提供理论依据。结果蜂胶原胶和胶囊的水提物及醇提物中，总酚、总黄酮、黄酮、黄酮醇、黄烷酮等化学组成含量差异明显。采用HPLC法，从原胶的两种提取物中共检测出21种对照品，而胶囊中仅检测到17种。原胶中的没食子酸、儿茶素、染料木素、菲瑟酮和芹菜素在胶囊中未检测到，说明在胶囊制备过程中损失了一些物质，传统的醇提工艺存在一定缺陷。比较样品的抗氧化活性强弱均为：原胶醇提物＞原胶水提物＞胶囊醇提物＞胶囊水提物，胶囊的抗氧化活性均低于原胶。抗氧化性是蜂胶主要的生物活性和许多其他功能的基础。研究结果表明，目前以醇提为主的加工工艺可有效地提取蜂胶中的总黄酮，而对一些水溶性的酚类化合物则损失较大，传统的加工工艺存在较大的创新和改进空间。

2. 抗菌消炎及免疫调节

蜂胶具有很好的抗菌活性，对细菌、真菌的生长都有一定的抑制作用。早在1947年，前苏联喀山兽医学院首先研究了蜂胶乙醇提取物（100毫克/升）对39种细菌和39种植物致病真菌的抑菌作用。结果证明，蜂胶对25种细菌和20种真菌有抑制作用，其中革兰阳性菌和抗酸菌对蜂胶提取物最敏感。此后，众多研究表明，蜂胶醇提取物对金黄色葡萄球菌、变形杆菌、白色葡萄球菌、大肠杆菌、乙型副伤寒杆菌、伤寒杆菌、丙型副伤寒杆菌、志贺痢疾杆菌、炭疽杆菌、鼠疫杆菌、黄色微球菌、枯草杆菌、白喉杆菌、（甲、乙、丙）型链球菌、肺炎链球菌、白色念珠菌、产气杆菌、新型隐球菌均敏感，而且这种作用不受试验方法的影响。

蜂胶对变异链球菌（Streptococcus mutans）有良好的杀菌效果早已得到证实，而长时间储存是否会对蜂胶的杀菌效果有影响尚不得而知。智利拉弗龙特拉大学 Veloz 等通过对不同储存时间蜂胶化学成分和抗变异链球菌效果进行分析比较发现，长时间储存会影响蜂胶的多酚类化合物含量及组成，并影响其抑制细菌生物膜形成的能力，但对其抗菌活性并未造成显著影响。他们对 19 个智利蜂胶进行抗菌活性和化学成分的分析研究发现，采集于中部山谷的智利蜂胶对大肠杆菌（Escherichia coli）、假单胞菌（Pseudomonas sp）、小肠结肠炎耶尔森菌（Yersinia enterocolitica）和肠炎沙门菌（Salmonella Enteritidis）的杀菌效果最强。

Boisard 等利用法国杨树型蜂胶的抗细菌和抗真菌活性，在 3 种致病性真菌和 36 种细菌上的实验表明，法国蜂胶有机相提取物可以有效抑制白假丝酵母（Candida albicans）和光滑念珠菌（C. glabrata）的生长，对多种细菌，特别是对金黄色葡萄球菌（包括抗甲氧西林金黄色葡萄球菌）有着良好的抑菌活性。

陈志宝等（2012）通过吸光度测量和荧光定量 PCR 的方法，在体外检测亚抑菌浓度的蜂胶作用下金黄色葡萄球菌仅一溶血素活力的变化。结果显示，不同浓度蜂胶对金黄色葡萄球菌 α-溶血素有不同程度的抑制作用，这可能是蜂胶通过减少 agrA 和 hlamRNA 的相对表达量而达到抑菌效果的。

阿米尼古丽等（2011）分析了新疆蜂胶的化学成分并研究其抗菌活性。用超声波提取法提取蜂胶，采用 GC—MS 联用技术鉴定其化学成分，通过最小抑菌浓度试验和抑菌试验来测定蜂胶的抗真菌活性。结果发现从蜂胶的乙醇提取物中鉴定出23种化合物。蜂胶对不同真菌表现出不同的抗菌活性，对不同植物病原真菌的抑菌率为16.7%～39.6%，最小抑菌浓度为2.0～4.0毫克/毫升。可见新疆蜂胶具有广谱的抑菌活性，对某些重要植物病原菌有一定防控作用。

王浩等（2010）研究了蜂胶二氧化碳超临界萃取物的体外抗菌作用。采用抑菌环试验和稀释法，对蜂胶二氧化碳超临界萃取物体外抗菌效果进行了实验室评价，同时与蜂胶醇提物作平行比较。结果发现蜂胶二氧化碳超临界萃取物对大肠杆菌和金黄色葡萄球菌均有抑制作用，抑菌环直径分别为12毫米和9.5毫米；蜂胶醇提取物对两种细菌抑菌环分别为8.5毫米和9.5毫米。蜂胶二氧化碳超临界萃取物对金黄色葡萄球菌和大肠杆菌最小抑菌浓度分别为14.5毫克/毫升和29毫克/毫升。而蜂胶二氧化碳超临界萃取残渣醇提物抑菌作用不明显。

彭志庆（2010）测定国产水溶性蜂胶对主要致龋链球菌亲代菌株及其耐氟菌株的生长抑制作用、葡糖基转移酶（GTF）活性的影响。结果发现在蜂胶浓度为0.78克/升时，能完全抑制变形链球菌、远缘链球菌及其耐氟菌株的生长；在蜂胶浓度为1.56克/升时，能完全杀灭变形链球菌、远缘链球菌及其耐氟菌株。在出现耐氟菌株时，国产水溶性蜂胶能将其抑制或杀灭，这提示国产水溶性蜂胶可有效抑制或杀灭变形链球菌和远缘链球菌及其耐氟菌株。国产水溶性蜂胶对GTF活性有一定的抑制作用，随着蜂胶浓度升高，S. m、S. m-FR、S. s、S. s-FR4种菌的GTF活性逐渐降低，但当浓度达1.56克/升时，抑制GTF活性的作用不再增强。

蜂胶具有良好的抗炎效果，这也是蜂胶最受关注的药理活性之一。炎症是十分常见而又重要的基本病理过程，是机体组织受外界有害刺激时（如病原体、受损细胞或其他刺激物等）所产生的一种保护性免疫反应。炎症可以是感染引起的感染性炎症，也可以不是由于感染引起的非感染性炎症。通常情况下，炎症是人体的自动防御反应，但是有的时候，炎症也是有害的，例如对人体自身组织的攻击、发生在透明组织的炎症等。蜂胶是一种具有良好抗炎效果的天然产物，同时也具有很好的免疫调节功能。在治疗感染和伤口愈合方面，蜂胶的抗细菌、抗炎症和促进伤口愈合的活性是紧密相关的。实验表明，蜂胶对许多细菌（尤其对G+）和霉菌（如Candida albicans）具有直接的抑制作用，而且能抑制它们对细胞的黏附。人们针对不同地理来源、采用不同提取方式对蜂胶及蜂胶中的主要单体成分的抗炎及免疫调节活性进行了广泛研究，发现蜂胶抗菌作用的功效成分是树脂中的黄酮类和芳香酸及其酯。高良姜素、松针素和乔松素是确认的对细菌作用最强的黄酮类，阿魏酸和咖啡酸也是蜂胶中抗菌成分。

Metesta等（2009）测试了蜂胶对75种菌株的敏感性，其中69株是葡萄球菌属和链球菌属，75个菌株对蜂胶提取液都敏感。

MacHado等（2012）采用不同的急性、慢性炎症模型，对巴西绿蜂胶的抗炎活性进行了研究，发现巴西蜂胶对小鼠肉芽肿诱导的慢性炎症模型、LPS诱导的急性炎症模型都有很好的治疗效果，能有效抑制促炎症因子的产生，并增高抗炎症因子水平，发挥免疫调节作用。

巴西学者Cavendish等研究了巴西红蜂胶水醇提取物（HERP）和单体标志性化合物formononetin的镇痛和抗炎效果。他们采用不同的疼痛模型（乙酸、福尔马林、谷氨酸注射）和炎症（角叉菜胶诱导足跖肿胀）模型，发现HERP和formononetin均有良好的抗炎效果，但HERP具有良好的镇痛效果，这是其单体化合物formononetin所没有的效果。

王雪妮等（2012）研究了蜂胶的外用抗炎作用。观察蜂胶对二甲苯致小鼠耳廓肿胀炎症模型的影响。结果发现蜂胶能明显抑制二甲苯导致的小鼠耳肿胀（$P<0.05$）；能明显减轻角叉菜胶导致的大鼠足肿胀（$P<0.05$）；能显著降低小鼠血清中PGE2，NO含量（$P<0.01$）；能显著降低大鼠炎症组织中PGE2含量（$P<0.01$）。很好地证明了蜂胶外用具有明显的抗炎作用。

咖啡酸苯乙酯（caffeic acid phenethyl ester，CAPE）是来源于蜂胶的一种苯丙素类的活性成分，在抗炎、免疫调节等方面具有独特的药理作用。Marquez等发现，CAPE对葡萄球菌肠毒素B或植物血球凝集素介导的T细胞DNA合成具有抑制作用，CAPE 10微摩尔/升几乎完全阻止T细胞进入S期。该化合物能有效抑制T细胞中IL-2的产生与释放。破骨细胞在类风湿性关节炎骨破坏病理进程中起关键作用。

Ang等（2008）发现，CAPE通过抑制破骨细胞活化因子NF-κB配体受体或激动剂诱导的NF-κB和活化T细胞核因活性，有效减弱破骨细胞的形成和骨吸收进程。在RAW264.7和骨髓巨噬细胞系BMM中，CAPE低浓度即对RANKL诱导的破骨细胞形成具有显著的抑制作用。该抑制作用与CAPE的加入时间有关，细胞分化初期加入近乎完全抑制，而后期加入抑制作用较弱。

牛皮癣，是一种常见的具有特征性皮损的慢性易于复发的炎症性皮肤病。Nada等（2014）的研究发现蜂胶能够对二正丙基二硫化物的小鼠皮肤过敏、氧化应激和炎症反应起到抑制作用。

Toll样受体（TLR）在免疫系统，特别是天然免疫反应中发挥着重要作用，同时与细胞因子的产生、免疫细胞的激活也有着一定联系。Orsatti等（2012）的研究发现蜂胶对小鼠巨噬细胞的Toll样受体-2、4的表达也有着一定的影响。特别是在应激状态下，蜂胶能通过下调小鼠TLR2、TLR4的mRNA表达水平从而发挥免疫调节作用。

蜂胶也可以调节细胞因子的产生。Bachiega 等（2012）利用巴西蜂胶及巴西蜂胶中的单体成分肉桂酸和香豆酸作为实验对象，研究了对细胞因子（白介素 1B、白介素 6 和白介素 10）产生的影响。他们从 BALB/c 小鼠中分离出腹膜巨噬细胞，并研究脂多糖（LPS）刺激下细胞相关细胞因子产生量的变化。结果发现，单独施用蜂胶及肉桂酸、香豆酸会刺激细胞分泌白介素 1B；蜂胶及其主要单体成分能有效抑制 LPS 刺激白介素 6 的产生量，同时也都抑制白介素 10 的产生。他们认为巴西蜂胶免疫调节作用同蜂胶的使用浓度密切相关，且肉桂酸和香豆酸起着非常重要的作用。

3. 抗肿瘤及癌症

目前恶性肿瘤是引起人死亡的主要原因之一，治愈率低，常用的化学治疗在杀灭癌细胞的同时，也会破坏正常细胞，常引起白细胞减少等副作用，严重者可导致患者感染死亡。因此，有必要继续寻求更加安全有效的抗癌药物。咖啡酸 β-苯乙醇酯（PEC），是蜂胶中的有效活性成分之一，具有清除自由基、抗肿瘤、抗菌、消炎、免疫调节等多种药理活性。

SherineM. Rizk 等（2014）发现蜂胶能对抗癌药物诱导的睾丸损伤有较好的保护作用。实验观察了对照组、灌喂蜂胶提取液 3 周、灌喂抗癌药物及同时灌喂蜂胶和抗癌药物 4 组成熟雄性大鼠，采集其血清和睾丸为样品。发现抗癌药物能够诱导雄性大鼠精子数量、类固醇激素、睾丸功能及基因表达的降低。微观形态学及病理学结果显示，蜂胶能够保护抗癌药物诱导的睾丸损伤，而不会降低抗癌效果。此外，灌喂蜂胶提取液的大鼠血清中睾丸素含量及抗氧化活性增加。

向春艳（2012）合成了新的 PEC 衍生物，并对其抗癌作用及化疗保护效果进行了研究，结果表明，PEC 衍生物，特别是硝基取代衍生物 PEC-3 和 PEC-5，对癌细胞 A549、HEp-2 的抑制活性较 PEC 明显增强，其 IC50 值明显降低；在

6.25～50微摩尔/升剂量范围内，PEC及其衍生物处理后的巨噬细胞存活率>80%，药物毒性低：在12.5～50微摩尔/升范围内，PEC及其衍生物可显著促进腹腔巨噬细胞的肿瘤抑制活性。用ELISA法测定PEC及其衍生物对小鼠巨噬细胞NO、TNF-α分泌水平的影响，发现在12.5～50微摩尔/升范围内，PEC及其衍生物能显著性降低LPS升高的NO、TNF-α水平，且其活性与浓度正相关，50微摩尔/升时最强，可抑制90%以上的NO及60%以上的TNF-α生产。

梁路昌等（2011）探讨了咖啡酸苯乙酯（caffeic acid phenethyl ester，CAPE）对结肠癌HT-29细胞FAK-ERK信号转导通路中相关蛋白表达的作用，寻找其作用靶点，试图阐明CAPE抗肿瘤作用的分子机制。用不同浓度CAPE处理HT-29细胞，利用Hoechst33258染色法和流式细胞术，检测细胞凋亡的发生。应用Western印迹法分析不同浓度CAPE对HT-29细胞中黏着斑激酶（focal adhesion kinase，FAK）和细胞外信号调节激酶（extracellular signal-regulated kinase，ERK）蛋白表达的影响。结果显示Hoechst33258染色发现CAPE作用后凋亡细胞数量增加。

蜂胶具有良好的抗癌活性。巴西蜂胶的抗癌活性一直是最受研究人员关注的。Geyza等（2014）研究了巴西蜂胶对^{60}Co伽马射线辐射引起的基因毒性、细胞毒性和克隆形成的中国仓鼠卵巢细胞死亡的作用。结果发现，30微克/毫升的蜂胶能够降低辐射诱导的DNA损伤，显示了一种对中国仓鼠卵巢细胞潜在的保护作用。此外，细胞毒性分析显示，浓度为50微克/毫升的蜂胶能够降低坏死细胞的百分含量。

古巴医学研究所Frion-Herrera等研究了巴西绿蜂胶对人肺癌细胞A549细胞系增值的影响，发现巴西绿蜂胶能呈剂量、时间依赖性地抑制A549细胞的增殖，但不影响正常细胞系Vero的生长。蜂胶能显著降低线粒体膜电位水平，诱导促凋亡基因（Bax 和 Noxa）表达，降低抗凋亡基因 Bcl-X-L 的表达，上调细胞周期蛋白 P21 水平。虽然蜂胶诱导细胞凋亡是通过 P53 非依赖途径，但其对肺癌细胞的细胞毒作用也为肺癌的防治提供了新思路。

巴西学者 de Mendonca 等也证实巴西红蜂胶对人 SF-295（胶质母细胞瘤）、OV-CAR-8（卵巢瘤）和 HCT-116（直肠癌）细胞系均有细胞毒性作用。除了巴西蜂胶外，研究人员利用不同细胞模型也证实了中国蜂胶、新西兰蜂胶、伊朗蜂胶、土耳其蜂胶和波兰蜂胶对癌细胞生长的抑制作用。

4. 保护肝脏

肝脏是维持人体新陈代谢的重要脏器，对生物合成、生物转化、解毒、分泌、排泄、免疫等各方面起着重要作用，而蜂胶证实具有良好的保肝护肝作用。

Ttirkez 等（2011）研究发现，蜂胶对 2，3，7，8-四氯二苯并二噁英（除草剂中一种剧毒的杂质）诱导的大鼠原代肝细胞毒性有良好的保护作用，且能有效抑制细胞的 DNA 损伤。Nakamura 等采用水浸应激方法造成大鼠的肝脏损伤，发现应激小鼠预先服用巴西绿蜂胶能有效减轻肝脏的氧化应激，且中等剂量巴西蜂胶（50 毫克/千克）的护肝效果要优于高剂量的巴西蜂胶（100 毫克/千克），与维生素 E（250 毫克/千克）的保护效果基本类似。

台湾宜兰大学 Su 等研究发现，台湾绿蜂胶和 propolin G（台湾绿蜂胶中特有的活性单体成分）能有效抑制肝脏的纤维化过程，而肝纤维化也被普遍认为是导致慢性肝病和肝硬化的重要病原。他们采用转化生长因子 β（TGF-β）诱导的肝星状细胞纤维变形模型，发现台湾绿蜂胶能有效抑制细胞外基质（extracellular matrix，ECM）的蓄积，如 I 型胶原等，并下调 JNK 信号通路的信号转导，同时显著诱导凋亡相关蛋白（Caspase-3，7）的表达，从而促进纤维化细胞的清除。他们还通过酒精诱导小鼠急性肝损伤实验来研究台湾绿蜂胶的体内保肝效果，结果发现，propolin G 和台湾绿蜂胶能显著降低血清丙二醛含量，但不影响超氧化物歧化酶（SOD）和谷胱甘肽过氧化物酶（GPx）水平，提示台湾绿蜂胶的护肝作用是通过抗氧化依赖途径来实现的。

游莉等（2013）研究了咖啡酸苯乙酯衍生物对 CC14 诱导的小鼠实验性肝损伤的保护作用。选取 50 只雄性昆明小鼠，随机分为 5 组：空白对照组，模型对照组，咖啡酸苯乙酯衍生物高、中、低剂量实验组。饲养 15 天后，正常组腹腔注射橄榄油溶液，其余各组腹腔注射 0.15%CC14 橄榄油溶液（0.01 毫升/克）。24 小时后采血，检测血清 AST、ALT 水平。处死小鼠，制备肝组织匀浆测定 SOD、MDA 的质量分数。发现咖啡酸苯乙酯衍生物组均可显著降低 CC14 所致急性肝损伤小鼠血清 AST 和 ALT 活性及肝组织 MDA 质量分数（$P<0.05$），提高肝组织 SOD 质量分数（$P<0.05$）。所以说咖啡酸苯乙酯衍生物——咖啡酸对硝基苯乙酯对 CC14 所致急性肝损伤有一定的保护作用。

时彦等（2014）研究了咖啡酸苯乙酯（CAPE）对肝纤维化大鼠肝诱导型一氧化氮合酶（iNOS）、胱硫醚-γ-裂解酶（CSE）表达的作用，探讨 CAPE 抗肝纤维化的机制。方法采用四氯化碳灌胃法建立大鼠肝纤维化模型，观察血清 NO、H_2S 的变化，酶联免疫吸附法测定各组大鼠血清 iNOS、CSE 的水平，免疫组织化学和图像分析技术检测 iNOS 和 CSE 在组大鼠肝组织的表达。结果发现与模型组比较，CAPE 处理组大鼠血清 NO 和肝组织 iNOS 显著降低，H_2S 和 CSE 显著升高。结果表明 CAPE 可能通过调节 iNOS 和 CSE 的水平发挥抗肝纤维化的作用。

附　录

GB

中华人民共和国国家标准

GB/T 24283—2009

蜂　胶

Propolis

2009-07-08 发布　　　　2009-12-01 实施

中华人民共和国国家质量监督检验检疫总局
中国国家标准化管理委员会　发布

前　言

本标准由中华全国供销合作总社提出。

本标准由全国蜂产品标准化工作组归口。

本标准起草单位：北京天恩生物工程高新技术研究所、浙江大学动物科学学院、杭州天厨蜜源保健品有限公司、中华人民共和国秦皇岛出入境检验检疫局、北京百花蜂产品科技发展有限公司、广州宝生园有限公司、江西汪氏蜜蜂园有限公司。

本标准主要起草人：吕泽田、胡福良、郑春强、李立群、范春林、郭利军、汪玲、胡元强。

蜂　胶

1　范围

本标准规定了蜂胶及蜂胶提取物的定义及其品质、检验方法、包装、标志、贮存、运输要求。

本标准适用于蜂胶及蜂胶乙醇提取物的加工、贸易。

2　规范性引用文件

下列文件中的条款通过本标准的引用而成为本标准的条款。凡是注日期的引用文件，其随后所有的修改单（不包括勘误的内容）或修订版均不适用于本标准，然而，鼓励根据本标准达成协议的各方研究是否可使用这些文件的最新版本。凡是不注日期的引用文件，其最新版本适用于本标准。

GB/T 191 包装储运图示标志

3　术语和定义

下列术语和定义适用于本标准。

3.1

蜂胶 propolis

工蜂采集植物树脂等分泌物与其上颚腺、蜡腺等分泌物混合形成的胶黏性物质。

3.2

蜂胶乙醇提取物　ethanol extracted propolis

乙醇萃取蜂胶后得到的物质。

3.3

总黄酮　total flavonoids

黄酮类物质含量的总和。

4 要求

4.1 感官要求

4.1.1 蜂胶的感官要求应符合附表1的规定。

附表1 蜂胶的感官要求

项目	特 征
色泽	棕黄色、棕红色、褐色、黄褐色、灰褐色、青绿色、灰黑色等，有光泽
状态	团块或碎渣状，不透明，约30℃以上随温度升高逐渐变软，且有黏性
气味	有蜂胶所特有的芳香气味，燃烧时有树脂乳香气，无异味
滋味	微苦、略涩，有微麻感和辛辣感

4.1.2 蜂胶乙醇提取物的感官要求应符合附表2的规定。

附表2 蜂胶乙醇提取物的感官要求

项目	特 征
结构	断面结构紧密
色泽	棕色、褐色、黑褐色，有光泽
状态	固体状，约30℃以上随温度升高逐渐变软，且有黏性
气味	有蜂胶特有的芳香气味，燃烧时有树脂乳香气，无异味
滋味	微苦、略涩，有微麻感和辛辣感

4.2 理化要求

蜂胶及蜂胶乙醇提取物的理化要求应符合附表3的规定。

附表 3　蜂胶及蜂胶乙醇提取物的理化要求

项　目		蜂胶		蜂胶乙醇提取物	
		一级品	二级品	一级品	二级品
乙醇提取物含量/（g/100g）	⩾	60	40	95	
总黄酮/（g/100g）	⩾	15	8	20	17
氧化时间/s	⩽	22			

4.3　真实性要求

不应加入任何树脂和其他矿物、生物或其提取物质。

非蜜蜂采集，人工加工而成的任何树脂胶状物不应称之为“蜂胶”。

4.4　特殊限制要求

应采用符合卫生要求的采胶器等采集蜂胶，不应在蜂箱内用铁纱网采集蜂胶；

不应高温加热、暴晒。

5　试验方法

5.1　取样方法

从被检样品的不同部位均匀取样，每批样品取样总量不超过 300g。

5.2　感官要求的检验

5.2.1　蜂胶感官要求的检验

5.2.1.1　色泽、状态

在自然光线良好的条件下，观察样品外表色泽。取少许上述样品混匀后，加热至 35℃左右，用手揉搓成条，再慢慢向两端拉伸。含胶量越大，黏性越大，拉伸长度越长。

5.2.1.2　气味、滋味

取少许样品，嗅其气味是否有蜂胶特有的明显芳香气味，再点燃，嗅其气味是否异常；口尝其滋味。

5.2.2 蜂胶乙醇提取物感官要求的检验

5.2.2.1 结构

将蜂胶乙醇提取物样品放在15℃以下2～3h，用铁锤砸开，观察其断面。

5.2.2.2 色泽、状态

按5.2.1.1规定的方法检验。

5.2.2.3 气味、滋味

按5.2.1.2规定的方法检验。

5.3 理化要求的检验

5.3.1 样品制备

按5.1取样的样品放入10℃以下的冰箱中1h后，将其粉碎，从中取样100g备检。

5.3.2 乙醇提取物含量

5.3.2.1 原理

称量乙醇不溶物质量，用减量法计算其占样品质量的百分比。

5.3.2.2 试剂和材料

a）乙醇：分析纯（≥95%）；

b）定量滤纸ϕ12.5cm。

5.3.2.3 仪器

a）天平（感量0.001g）；

b）100mL烧杯；

c）电热鼓风干燥箱；

d）超声波仪；

e）玻璃漏斗ϕ60mm；

f）玻璃棒；

g）250mL锥形瓶；

h）称量瓶70mm×35mm；

i）干燥皿。

5.3.2.4　步骤

称取经过粉碎处理的蜂胶样品5g（称准至0.001g），置于100mL烧杯中，加适量95%乙醇，放入超声波仪中超声，样品溶解，将上清液倒入事先干燥称重过的滤纸及玻璃漏斗过滤到锥形瓶中，反复数次，直至完全溶解，再用少量乙醇洗涤100mL烧杯及滤纸两次。然后将残渣及滤纸与玻璃漏斗在50℃下干燥至恒重。在相同条件下作平行实验。

5.3.2.5　计算

按式（1）计算：

$$X_1=\frac{m_1-m_2}{m_1}\times 100 \quad \cdots\cdots\cdots\cdots\cdots\cdots (1)$$

式中：

X_1——样品中乙醇提取物含量，%；

m_1——样品质量，单位为克（g）；

m_2——残渣质量，单位为克（g）。

平行实验允许误差不超过1.5%，取三次测定的平均值。

5.3.3　总黄酮含量

5.3.3.1　试剂和材料

a）聚酰胺粉（≥100目）；

b）芦丁标准溶液：取5.0mg芦丁（≥99%），加甲醇溶解并定容至100mL，即得50μg/mL；

c）乙醇：分析纯（≥95%）；

d）甲醇：分析纯（≥95%）。

5.3.3.2　仪器

a）紫外-可见分光光度计；

b）层析柱：350mm（长）×15mm（内径），具活塞、砂芯、抽气嘴、圆底烧瓶，见图1；

c）容量瓶：10mL；

d）移液器：100～1 000μL；

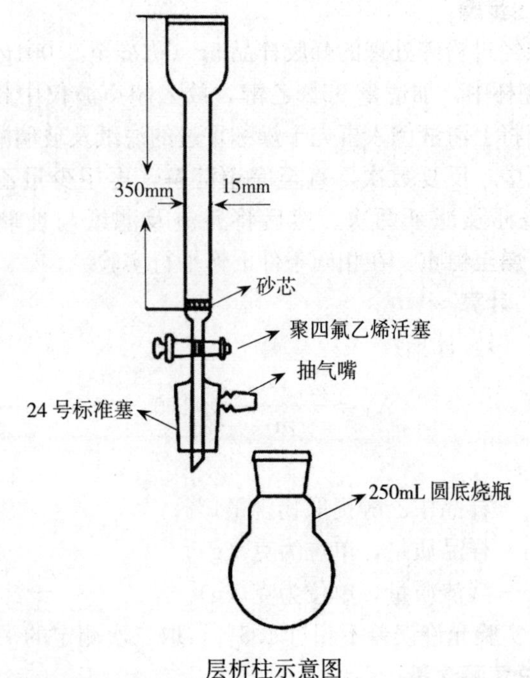

层析柱示意图

e）移液管：1～5mL；

f）玻璃蒸发皿：90mm。

5.3.3.3　步骤

a）试样处理：称取经过粉碎处理的蜂胶样品 1g，或蜂胶乙醇提取物 0.5g 于容量瓶中，用乙醇定容至 100mL，摇匀后，超声提取 20min，放置，用移液管吸取上清液 1mL 于玻璃蒸发皿中，加入 5mL 乙醇及 1g 聚酰胺粉，用玻璃棒混匀吸附，于 60℃水浴上挥去乙醇，然后转入关闭活塞的层析柱中。量取 20mL 苯液，清洗玻璃蒸发皿再将苯液转入层析柱中，分 3 次完成。15min 后开启层析柱活塞，弃去苯液并关闭层析柱活塞，取下圆底烧瓶，将 25mL 容量瓶装于层析柱下方。量取 20mL 甲醇，分 3 次清洗玻璃蒸发皿，再将甲醇转入层析柱中，15min 后开启层析柱活塞将黄酮洗脱于 25mL 容量瓶中，用甲醇定容至 25mL。此液置 1cm 比色皿中于波长 360nm 测定吸收值。同时以芦丁为标准品，用标准曲线法定量。

b）芦丁标准曲线：分别吸取芦丁标准溶液 0、1.0、2.0、3.0、4.0、5.0mL 于 10mL 容量瓶中，加甲醇至刻度，摇匀，置 1cm 比色皿中于波长 360nm 测定吸收值，绘制标准工作曲线，计算回归方程。

5.3.3.4　计算和结果表示

按式（2）计算：

$$X_2 = \frac{A \times V_2 \times 100}{V_1 \times m_3 \times 1000} \quad \cdots\cdots\cdots\cdots\cdots\cdots \ (2)$$

式中：

X_2——试样中总黄酮的含量，单位为毫克每百克（mg/100g）；

A——由标准曲线算得被测液中黄酮量，单位为微克（μg）；

V_2——试样定容总体积，单位为毫升（mL）；

V_1——吸取的上清液体积，单位为毫升（mL）；

m_3——试样质量，单位为克（g）。

5.3.4　氧化时间

5.3.4.1　原理

通常用高锰酸钾紫红色溶液消退的时间来表示蜂胶中还原性物质的含量。

5.3.4.2　试剂和材料

a）乙醇：分析纯（95%以上）；

b）高锰酸钾标准溶液：精确称取 1.580g 高锰酸钾（分析纯≥95%），用水稀释至 1 000mL，配制成 0.01mol/L 的高锰酸钾溶液；

c）硫酸：分析纯（95%～98%），配制成 20%硫酸液；

d）蒸馏水。

5.3.4.3 仪器

a）天平（感量0.001g）；

b）振荡器；

c）秒表；

d）250mL具塞磨口锥形瓶；

e）50mL、100mL、1 000mL容量瓶；

f）50mL锥形瓶；

g）0.2mL、1.0mL、2.0mL、5.0mL、10.0mL移液管；

h）漏斗、定量滤纸；

i）250nL微量移液器。

5.3.4.4 步骤

a）在室温下称取1g（精确到0.001g）样品，置于250mL具塞锥形瓶中，加入25mL乙醇，盖好瓶塞，于振荡器上低速振荡1h，然后加入100mL蒸馏水，充分摇匀后，过滤，收集滤液。

b）用移液管吸取0.5mL上述滤液放入50mL容量瓶中，用蒸馏水稀释至刻度并混匀。

c）用移液管吸取10mL稀释液于50mL锥形瓶中，加入2.0mL20%硫酸，振荡1min，然后用200mL微量移液器加入0.05mL 0.01mol/L高锰酸钾溶液，在加入高锰酸钾溶液的同时，开动秒表振荡，当溶液的紫红色完全消退时，停止秒表，记录溶液的紫红色完全消退所耗用的时间（以“s”计），即是该样品的氧化时间。每个样品平行测定3次，取算术平均值作为该样品的测定值。

6 包装

6.1 应采用符合国家食品安全卫生要求的材料包装。蜂胶乙醇提取物应定量包装。包装场地应符合食品安全卫生要求。包装应严密、牢固，便于装卸、贮存和运输。

6.2　应按等级分别包装。

7　标志

7.1　包装上应标明产品名称、等级、数量、生产者的名称、地址和生产日期。

7.2　图示标志应符合 GB/T 191 的规定。

8　贮存

8.1　贮存场所应清洁卫生、干燥、阴凉、通风，不应与有毒、有害、有异味、有腐蚀性、有放射性和可能发生污染的物品同场所贮存。

8.2　产品应按等级、规格分别存放。

9　运输

9.1　运输工具应清洁卫生。

9.2　不应与有毒、有害、有异味、易污染的物品混装运输。

9.3　防高温、暴晒、雨淋。

参 考 文 献

胡福良，2005. 蜂胶药理作用研究［M］. 杭州：浙江大学出版社.

房柱，1999. 蜂胶［M］. 太原：山西科学技术出版社.

刘富海，1998. 神奇蜂胶疗法：世纪健康话题［M］. 北京：中国农业出版社.

吕泽田，徐景耀，2006. 蜂胶百问［M］. 北京：中国医药科技出版社.

闫继红，2013. 把蜂胶的事彻底说清楚［M］. 北京：化学工业出版社.

王振山，2011. 蜂胶的秘密［M］. 北京：中国科学技术出版社.

王振山，徐景耀，袁泽良，1996. 蜂产品消费指南［M］. 北京：中国农业科技出版社.

邵兴军，丁德华，2005. 蜂胶革命，理想的细胞生态调节剂［M］. 上海：上海科学技术出版社.

王振山，2004. 蜂胶保健法［M］. 北京：中国轻工业出版社.

朱威，2010. 中国蜂胶和巴西蜂胶改善糖尿病大鼠的效果及对糖尿病肾病的作用机理［D］. 浙江大学.

王凯，张翠平，胡福良，2016. 2015 年国内外蜂胶研究概况（一）［J］. 蜜蜂杂志，36（4）：4-8.

王凯，张翠平，胡福良，2016. 2015 年国内外蜂胶研究概况（二）［J］. 蜜蜂杂志，36（5）：5-9.

申晋山，2007. 巴西蜂胶的来源和化学成分的多样性［J］. 中国蜂业，58（1）：45-46.

陈明虎，2010. 巴西养蜂业与蜂胶生产［J］. 蜜蜂杂志，30（12）：38-39.

申小阁，张翠平，胡福良，2015. 巴西蜂胶化学成分的研究进展［J］. 天然产物研究与开发，27（5）：915-930.

王月华，付崇罗，张丽等，2014. 中国蜂胶和巴西绿胶乙醇提取物抗肿瘤活性比较［J］. 中国蜂业，65（Z3）：43-48.

黄焕婷，黄海潮，2010. 不同产地蜂胶中总黄酮的提取及含量测定［J］. 广东化工，37（5）：215-217.